21世纪高等院校计算机应用规划教材

计算机基础及MS Office一级教程

（计算机、因特网及MS Office基本知识）

主　编　孙勤红　沈凤仙

副主编　朱颖雯　刘粉香　杨丽萍

南京大学出版社

内容简介

本书是根据教育部考试中心编写的《全国计算机等级一级 MS Office 考试大纲（2013 年版）》编写的。2013 年版的考试大纲不仅对计算机基础知识进行了新技术方面的更新，而且在操作系统软件和办公软件 Office 上存在版本的变化。本书的主要内容为全国计算机等级一级 MS Office 考纲涉及的内容及 Office 的部分实用技术。

本书包含的内容有：计算机知识（计算机基础知识、硬件组成、软件系统、计算机网络等知识）、Windows 7、Word 2010、Excel 2010、PowerPoint 2010 等。随着计算机的新发展，本书吸收了新技术和新方法，更新了计算机内容和实用性软件。

通过本教程的学习，读者能够掌握计算机基础知识、Windows 7 操作系统和 Office 2010；通过本教程的学习，读者能够熟练掌握一级 MS Office 的知识，同时能够使用应用软件解决学习和工作上的实际问题。

本书可以作为专科及本科类院校大一新生的计算机基础课程教学用书，同时也适合计算机初学者自学。

图书在版编目(CIP)数据

计算机基础及 MS Office 一级教程：计算机、因特网及 MS Office 基本知识/孙勤红，沈凤仙主编. --南京：南京大学出版社，2014.8（2018.1 重印）

ISBN 978-7-305-13705-1

Ⅰ．①计… Ⅱ．①孙… ②沈… Ⅲ．①电子计算机－教材②因特网－教材③办公自动化－应用软件－教材

Ⅳ．①TP3

中国版本图书馆 CIP 数据核字(2014)第 178566 号

出版发行 南京大学出版社
社　　址 南京市汉口路 22 号　　　邮　编　210093
出 版 人 金鑫荣

书　　名 **计算机基础及 MS Office 一级教程(计算机、因特网及 MS Office 基本知识)**
主　　编 孙勤红　沈凤仙
责任编辑 沈　洁　　　　　　　编辑热线　025-83593962
照　　排 南京南琳图文制作有限公司
印　　刷 南京新洲印刷有限公司
开　　本 787×1092　1/16　印张 10　字数 250 千
版　　次 2014 年 8 月第 1 版　2018 年 1 月第 5 次印刷
ISBN 978-7-305-13705-1
定　　价 24.00 元

网址：http://www.njupco.com
官方微博：http://weibo.com/njupco
官方微信号：njupress
销售咨询热线：(025) 83594756

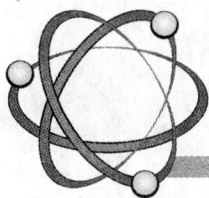

前　言

　　《计算机基础及 MS Office 一级教程（计算机、因特网及 MS Office 基本知识）》是依据教育部考试中心制定的《全国计算机等级一级 MS Office 考试大纲（2013 年版）》编写而成的，主要内容涵盖了 Windows 7、Office 2010 相关软件及计算机基本知识。

　　本书在内容编排上主要分为两大部分：理论知识和实践操作。实践操作包含了操作系统 Windows 7 的使用、MS Office 2010 中的 Word 文字排版、Excel 表格数据处理及 PowerPoint 演示文稿的制作等内容。上课时有效地将理论和实践结合起来，学生学完后不但能够熟练掌握相关软件操作，同时也可以了解计算机的基本概念、基本组成、网络的组成以及因特网的相关知识。

　　全书共分 8 章，第 1 章介绍 Windows 7 的基本操作，第 2 章介绍 Word 2010 的文字排版技术，第 3 章介绍 Excel 2010 的表格数据处理，第 4 章介绍了 PowerPoint 2010 演示文稿的制作，第 5 章介绍计算机的基本知识及计算机多媒体的处理技术，第 6 章介绍计算机硬件组成原理的内容，第 7 章介绍计算机软件系统的内容，第 8 章介绍计算机网络基础知识和因特网的基础知识。

　　全书内容适合一个学期使用，不同的学科和专业可以根据自身的需要和学时的安排，选择全部或部分内容进行讲授。本书在编写过程中得到了很多同事的帮助，苏兆中老师对本书的内容编排提出了非常好的建议，顾洪老师对本书的出版和发行提供了很大的帮助，同时感谢单启成老师、陈林老师、徐世宏老师及其他上计算机应用基础课程的教师和同行。

　　本书的编写和出版得到南京大学出版社和编者所在学校领导和同事的大力支持和帮助，在此表示衷心的感谢。同时对编写过程中参考的大量文献资料的作者一并致谢。由于编者水平所限，书中难免有错，欢迎专家、读者批评指正。

编　者

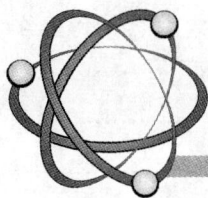

目　录

第 1 章
Windows 7

Windows 7 是 Microsoft 公司开发的一款较新的操作系统,目前使用范围非常广泛。

1.1 Windows 7 基本操作

1.1.1 Windows 7 操作界面

1. 窗口组成

打开电脑,计算机经过一系列检测后启动操作系统,启动完成后即进入 Windows 7 桌面,如图 1-1 所示。

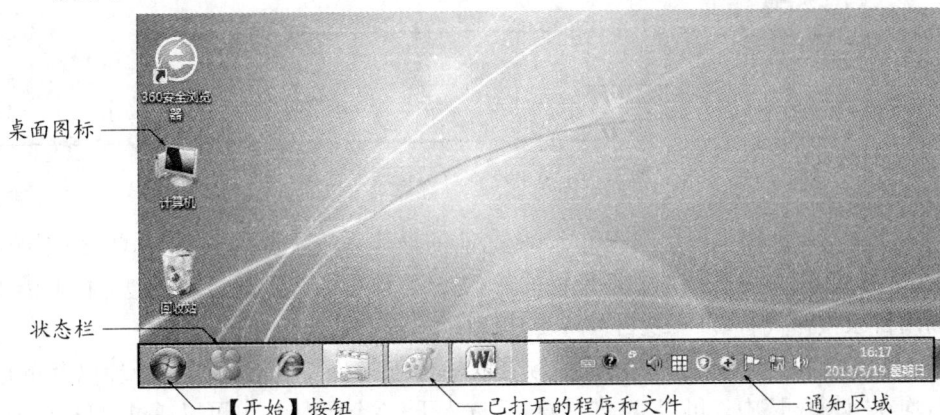

图 1-1 Windows 7 桌面简介

（1）桌面,是放置快捷图标和系统默认图标的地方,启动程序时可以很方便地从桌面图标启动。

（2）【开始】按钮,包含了系统已经安装的所有程序,以及常用的工具,如果没有桌面图标,可以在【开始】→【所有程序】找到程序并启动。

（3）状态栏,显示已经运行的程序和打开的文件。通知区域处显示声音、日期和部分程序运行的图标。

2. Windows 资源管理器

资源管理器是 Windows 操作系统提供的资源管理工具,用户可以使用它查看计算机中的所有资源,特别是其树形文件系统结构,能够让使用者更清楚和更直观地使用计算机中的文件和文件夹。

打开资源管理器的常用操作方法如下:

(1) 双击桌面的"计算机"图标,打开资源管理器。

(2) 右击【开始】按钮,选"打开 Windows 资源管理器",打开资源管理器。

资源管理器窗口如图 1-2 所示。

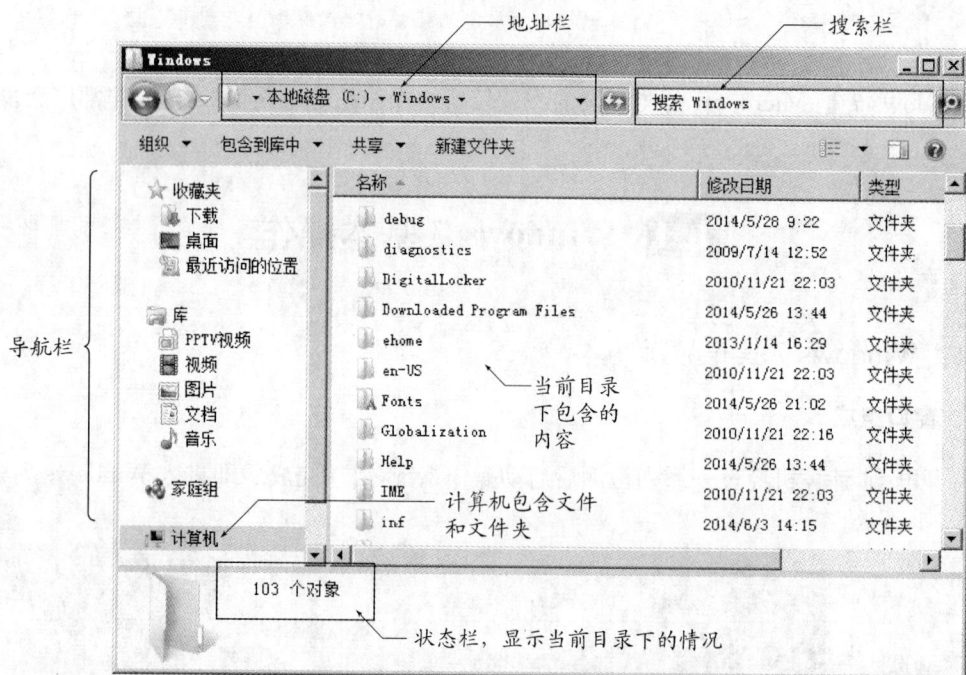

图 1-2　Windows 资源管理器窗口

(1) 地址栏:地址栏采用了与 Windows 之前的操作系统不同的表示方式,用按钮取代了传统的文本方式,用户可直接单击地址栏的任意按钮,即可回归到此目录。地址栏取消了向上按钮,而用目录按钮代替,以实现目录跳转,保留了前进和后退按钮。

(2) "计算机":是导航栏中使用最为频繁的一个工具。硬盘的使用和管理以及可移动盘的管理,均在"计算机"中。可以双击"计算机"进入下一级子目录,也可以通过树形结构的【+】和【-】展开和缩进。

(3) 搜索栏:可快速实现文件或文件夹的搜索。

1.1.2　运行与关闭程序

1. 运行程序

运行程序常用的方法如下:

（1）双击桌面与该软件相关联的快捷图标，运行相应的程序。

（2）选【开始】→【所有程序】，找到该程序，单击运行相应程序。

（3）在磁盘下找到安装路径，在该安装目录下找到扩展名为".exe"的可执行文件，双击运行相应程序。

2. 关闭程序

关闭程序常用的方法如下：

（1）程序窗口的右上角有【×】按钮的，单击【×】按钮关闭程序。

（2）执行【文件】菜单下的【退出】命令。

（3）使用快捷键【Alt】+【F4】。

（4）打开任务管理器，找到该程序的进程，结束任务或进程即可。

注意：上述关闭程序的方法适用于常用的软件，如是非常用的娱乐或游戏软件，会有特定的退出方式。

3. 调整程序窗口

运行程序时通常会打开一个窗口，用户可以根据需要调整窗口的大小、位置，方便用户查看相关信息。如图 1-3(a)所示，窗口的标准调整方法有：最大化、最小化、向下还原和关闭。用户有时希望根据自己的意愿调整窗口，可以将光标定位在窗口的边界上，这时鼠标会出现双箭头符号，如是水平方向符号为"↕"，则上下拖动可调整窗口的高度，如是垂直方向符号为"↔"，则左右拖动可调整窗口的宽度。如果将光标定位于水平和垂直交叉点，则鼠标会变为斜向双箭头，则上下、左右拖动可同时调整高度和宽度。

如果用户希望同时查看多个窗口，或是很方便地实现窗口之间的切换，则可右击"任务栏"，根据需要选层叠、堆叠或并排显示窗口，如图 1-3(b)所示。

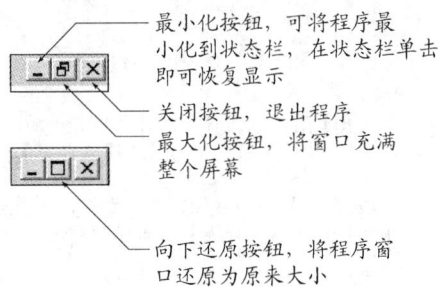

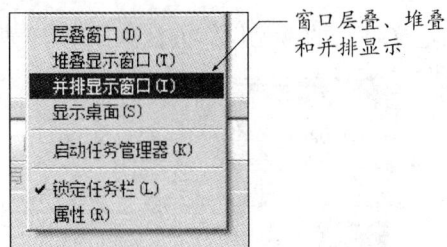

（a）窗口的调整　　　　（b）层叠、堆叠和并排显示窗口

图 1-3　窗口的调整和显示

1.1.3　退出 Windows 7

使用 Windows 7 的过程中，可能会需要切换用户、注销或重启计算机。单击【开始】按钮，在右侧出现【关机】按钮，单击【关机】按钮右侧的【▶】，出现其他相关操作的菜单命令，操作方法如图 1-4 所示。

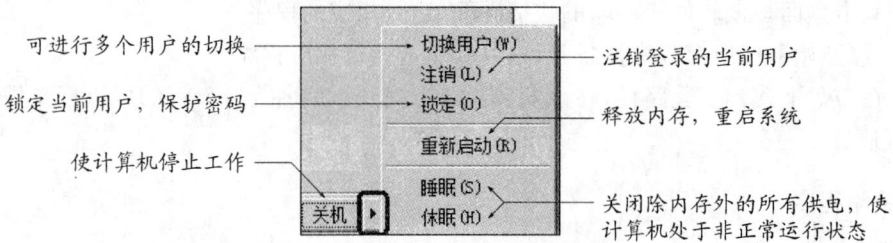

可进行多个用户的切换 —— 切换用户(W) —— 注销登录的当前用户
注销(L)
锁定当前用户,保护密码 —— 锁定(O) —— 释放内存,重启系统
重新启动(R)
使计算机停止工作 —— 睡眠(S) —— 关闭除内存外的所有供电,使
关机 ▶ 休眠(H) —— 计算机处于非正常运行状态

图 1－4　Windows 7 的关机、重启等

1.2　文件和文件夹的基本操作

1.2.1　新建、移动、复制文件和文件夹

1. 选定文件和文件夹

对文件或文件夹进行操作时,首先要选中操作的对象。选定对象的常用方法如下。

(1) 选中一个对象:鼠标指向文件或文件夹,单击即可。

(2) 选定多个连续的对象:鼠标指向第一个对象,单击,在按住【Shift】键的同时单击最后一个对象。

(3) 选定多个不连续的对象:鼠标单击第一个对象,按住【Ctrl】键的同时,依次单击其他对象。

2. 新建、移动和复制文件夹

新建文件夹的常见操作方法如图 1－5 所示。

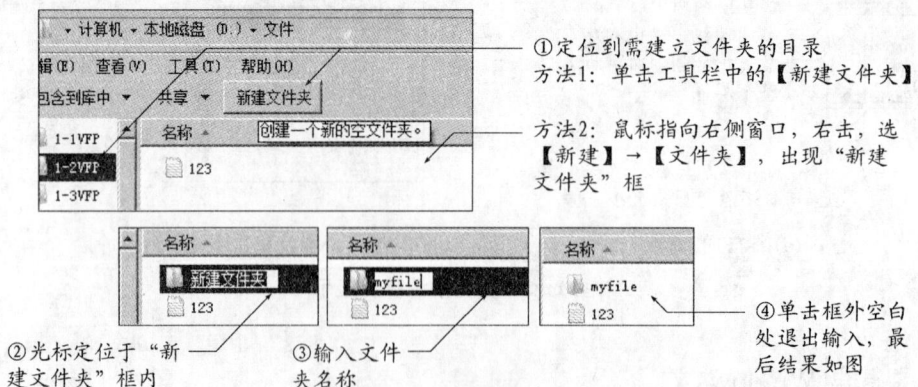

①定位到需建立文件夹的目录
方法1:单击工具栏中的【新建文件夹】

方法2:鼠标指向右侧窗口,右击,选【新建】→【文件夹】,出现"新建文件夹"框

②光标定位于"新建文件夹"框内　　③输入文件夹名称　　④单击框外空白处退出输入,最后结果如图

图 1－5　新建文件夹

为了移动文件夹的位置或产生文件夹的副本,可使用文件夹的移动和复制操作。移动是指将文件夹移动至新的目录,原始目录不再保存。复制是指在新的目录下创建文件夹的副本,

原始文件夹依然保存。

　　移动、复制文件夹的操作方法如图 1-6 所示。

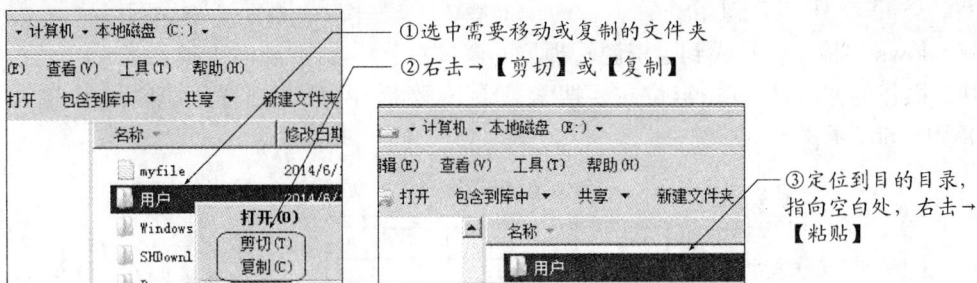

图 1-6　文件夹的移动或复制

3. 新建、移动和复制文件

　　(1) 新建文件。新建文本文件、记事本文件或扩展名为".txt"的文件,操作方法如图 1-7 所示。从图 1-7 可见,此方法还可创建诸如 Word、Excel 等文件。

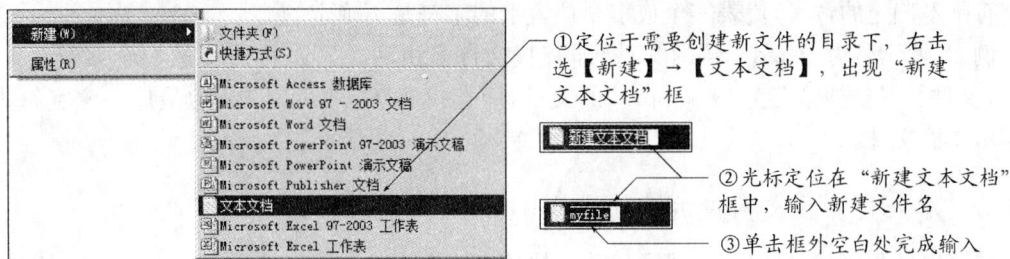

图 1-7　新建文件

　　如果要创建图 1-7 中没有列出的文件,可以通过运行与文件相关的程序,在程序窗口中创建一个文件,并按要求保存到指定目录。

　　(2) 移动和复制文件。操作方法与文件夹的操作类似。

4. 删除文件和文件夹

　　删除操作的方法是:

　　(1) 选中要删除的对象;

　　(2) 右击→选【删除】并确认,或者按【Delete】键并确认。

　　说明:默认设置是将删除对象放入回收站。如果修改设置可将其从磁盘上彻底删除。如果删除的是 U 盘上的对象,则从 U 盘彻底删除。

5. 重命名文件和文件夹

　　有时需要对文件和文件夹进行重命名(即改名),重命名的常用方法如下:

　　(1) 选中文件或文件夹,右击→【重命名】。

　　(2) 选中文件或文件夹,【文件】→【重命名】。

　　(3) 选定文件或文件夹,单击对象的名称,出现细线框,在框内输入新名称或修改旧名称,单击框外任意处结束修改。

1.2.2 搜索文件和文件夹

Windows 将检索栏集成到了资源管理器的窗口右上角,方便随时查找。

搜索操作的方法是:首先定位在要搜索目录下,然后在窗口右上角的搜索栏中输入关键字,如图 1‑8 所示。

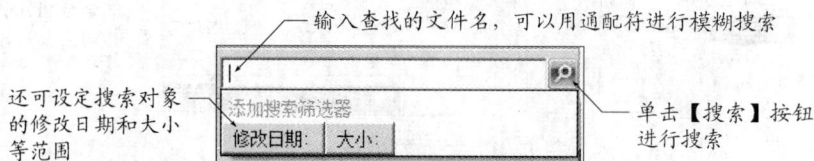

图 1‑8　文件和文件夹的搜索

搜索条件的设置方法:

(1) 可以对搜索对象的修改日期以及文件的大小进行有条件的设置,以缩小搜索范围。

(2) 模糊搜索。可通过两种通配符"?"和"＊"进行模糊搜索。"?"代表某一个位置上的一个字符是不确定的,"＊"代表零个或多个位置上的字符是不确定的。

例如:搜索名为"?a.docx"的文件,即查找文件名由两个字符构成且第二个字符为 a 的 Word 文件。又如搜索名为"＊a.pptx"的文件,即查找文件名长度不限、但最后一个字符为 a 的演示文稿文件。

1.2.3 建立文件和文件夹的快捷方式

快速启动程序或文件,一般可通过建立快捷方式实现。建立快捷方式的方法有很多,常用方法如图 1‑9 所示。

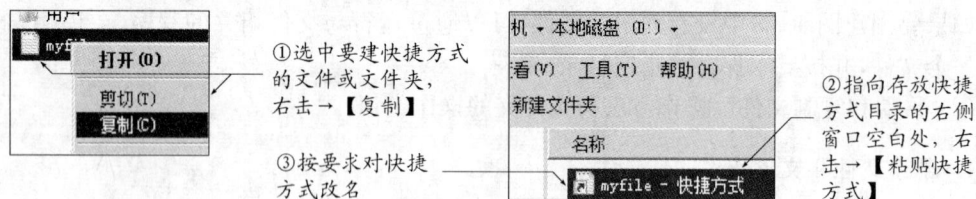

图 1‑9　建立快捷方式

1.2.4 设置文件和文件夹的属性及查看视图

1. 修改对象的属性

大部分文件和文件夹具有两个属性:只读属性和隐藏属性。还有一部分文件具有存档属性,用户可根据需要进行设置。

操作方法如下:

选中需要修改属性的文件或文件夹,右击→选【属性】,打开"属性"对话框,对话框操作如图 1‑10 所示。

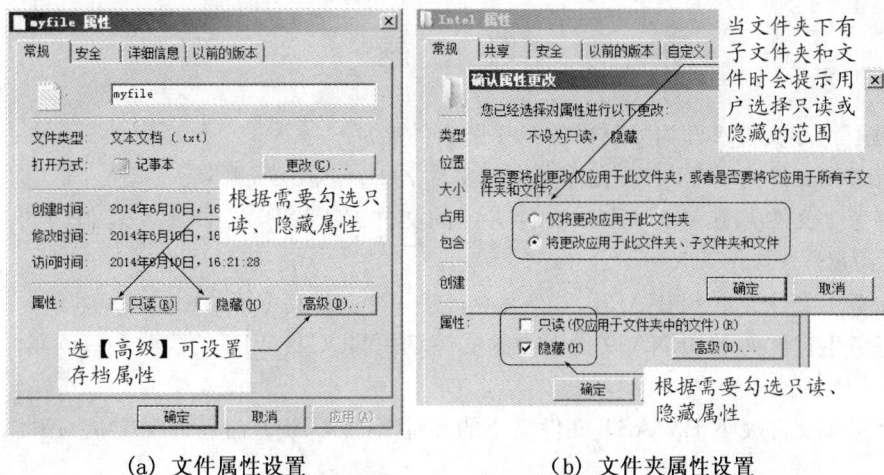

根据需要勾选只读、隐藏属性

选【高级】可设置存档属性

当文件夹下有子文件夹和文件时会提示用户选择只读或隐藏的范围

根据需要勾选只读、隐藏属性

　　（a）文件属性设置　　　　　　　（b）文件夹属性设置

图 1－10　文件和文件夹属性设置

2. 查看视图

　　用户为了方便查看当前目录下的文件和文件夹情况，可以使用不同的视图，常用的视图有超大图标、大图标、小图标、列表和详细信息等。在"资源管理器"的右上角有【更改您的视图】按钮，单击后出现多种选项，具体显示效果如图 1－11 所示。

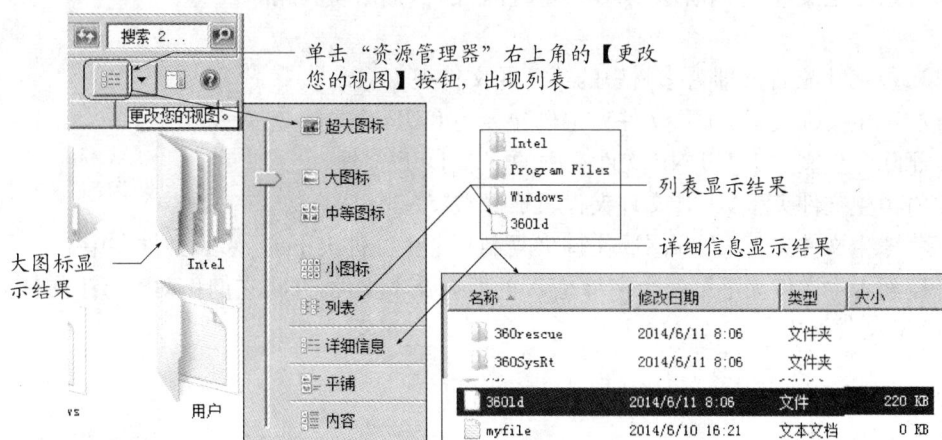

单击"资源管理器"右上角的【更改您的视图】按钮，出现列表

大图标显示结果

列表显示结果

详细信息显示结果

图 1－11　视图显示方式

习　题

第 1 题(考生文件夹即为素材中的第 1 题文件夹)

① 将考生文件夹下 TIUIN 文件夹中的文件 ZHUCE. BAS 删除。

② 将考生文件夹下 VOTUNA 文件夹中的文件 BOYABLE. DOCX 复制到同一文件夹下,并命名为 SYAD. DOCX。

③ 在考生文件夹下 SHEART 文件夹中新建一个文件夹 RESTICK。

④ 将考生文件夹下 BENA 文件夹中的文件 PRODUCT. WRI 的隐藏和只读属性撤销,并设置为存档属性。

⑤ 将考生文件夹下 HWAST 文件夹中的文件 XIAN. FPT 命名为 YANG. FPT。

第 2 题(考生文件夹即为素材中的第 2 题文件夹)

① 将考生文件夹中的 ZIBEN. FOR 文件复制到考生文件夹下的 LUN 文件夹中。

② 将考生文件夹下 HUAYUAN 文件夹中的 ANUM. BAT 文件删除。

③ 为考生文件夹下 GREAT 文件夹中的 GIRL. EXE 文件建立名为 KGIRL 的快捷方式,并存放在考生文件夹下。

④ 在考生文件夹下 ABCD 文件夹中建立一个名为 FANG 的文件夹。

⑤ 搜索考生文件夹下的 BANXIAN. FOR 文件,然后将其删除。

第 3 题(考生文件夹即为素材中的第 3 题文件夹)

① 在考生文件夹下 GUP 文件夹中创建名为 CUP 的文件夹。

② 删除考生文件夹下 PNP 文件夹中的 YA. DBF 文件。

③ 将考生文件夹下 XUE 文件夹设置成隐藏。

④ 将考生文件夹下 BUG\XU 文件夹复制到考生文件夹下的 DUP 文件夹中。

⑤ 搜索考生文件夹下第三个字母是 A 的所有文本文件,并将它们移动到考生文件夹下的 FRT\TXT 文件夹中。

第2章
Word 2010

2.1 Word 基础

2.1.1 启动 Word

启动 Word 的方法通常有以下两种。

1. 直接启动 Word 应用程序

方法 1：通常 Windows 桌面上会有 Word 快捷方式图标，如图 2-1(a)所示，双击 Word 快捷方式图标，打开 Word 应用程序窗口，如图 2-3 所示。

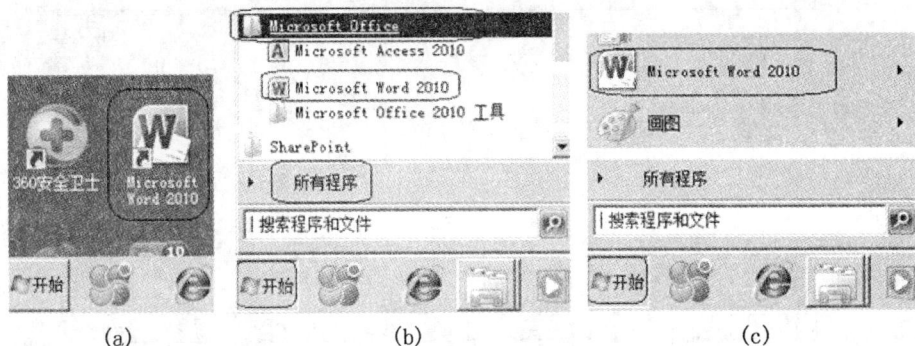

| (a) | (b) | (c) |

图 2-1 启动 Word 的方法

方法 2：如果 Windows 桌面上没有 Word 快捷方式图标，如图 2-1(b)所示，单击桌面左下角的【开始】→【所有程序】，稍等一下，上方出现程序列表，单击【Microsoft Office】，在出现的下拉列表中再单击【Microsoft Word 2010】，打开 Word 应用程序窗口。

说明：如果近期经常使用 Word，【Microsoft Word 2010】将会直接出现在【开始】菜单中，如图 2-1(c)所示，此时单击【开始】菜单后，就可以直接单击【Microsoft Word 2010】打开 Word 应用程序。

2. 间接启动 Word 应用程序

通过 Windows 的"计算机",找到要打开的 Word 文档并双击该文档,如图 2-2 所示。用这种方式不仅能打开与文件关联的 Word 应用程序,而且在 Word 窗口中打开了该 Word 文档的内容。这是打开已有 Word 文件的常用方法。

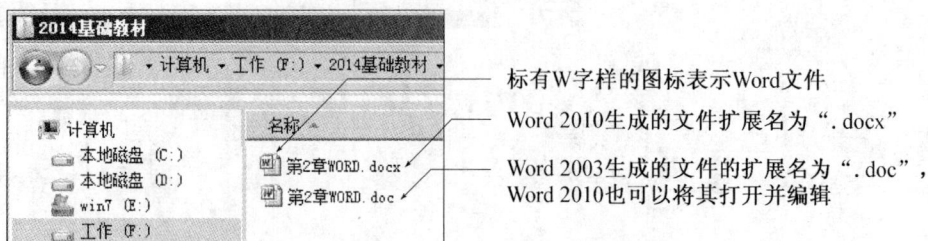

标有W字样的图标表示Word文件

Word 2010生成的文件扩展名为".docx"

Word 2003生成的文件的扩展名为".doc",Word 2010也可以将其打开并编辑

图 2-2 通过"资源管理器"启动 Word

2.1.2 Word 窗口介绍

Word 窗口如图 2-3 所示,主要由标题栏、快速访问工具栏、选项卡、功能区、编辑窗口、滚动条、状态栏、显示比例、文档视图等组成。

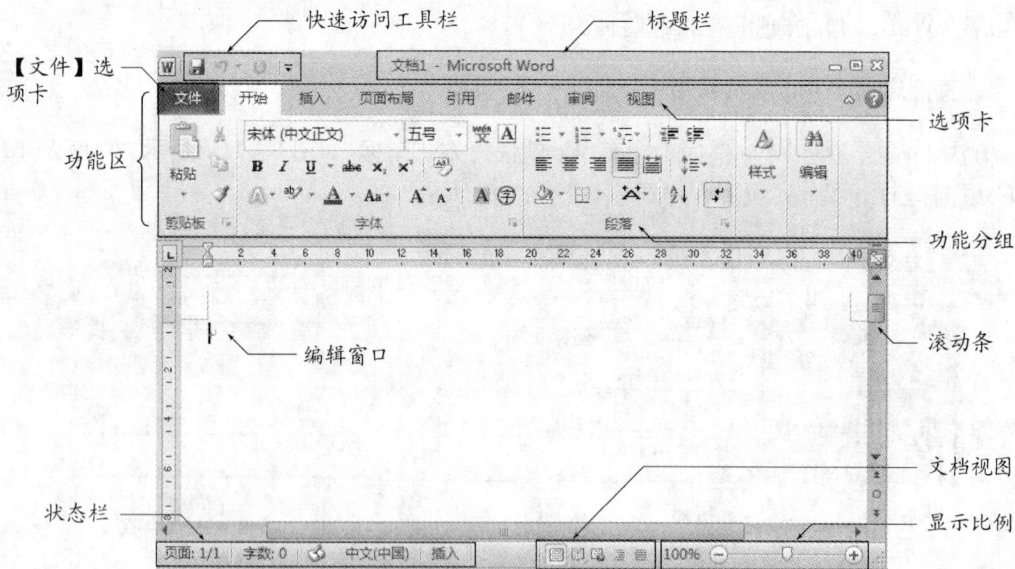

图 2-3 Word 窗口介绍

1. 标题栏

标题栏主要显示正在编辑的文档的文件名以及所使用的软件名,如"文档 1. docx-Microsoft Word",Word 文档默认的扩展名为". docx",还有最大化(或还原)、最小化和关闭按钮。

2. 快速访问工具栏

如图 2 - 4 所示，一般可以将常用命令放置在此处以便快速访问，用户可以添加、删除以及自定义个人的常用命令。

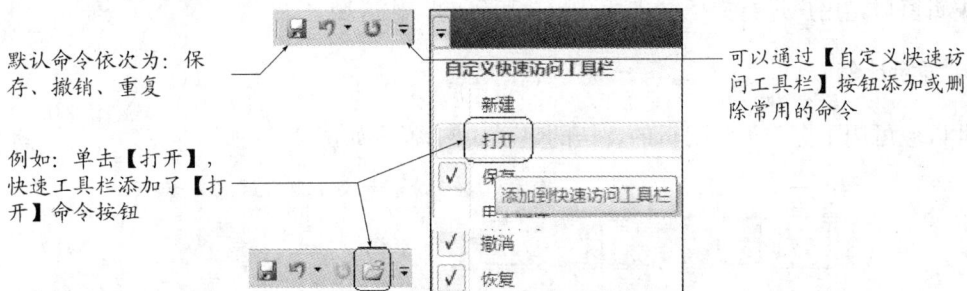

默认命令依次为：保存、撤销、重复

例如：单击【打开】，快速工具栏添加了【打开】命令按钮

自定义快速访问工具栏
新建
打开
保存
添加到快速访问工具栏
撤消
恢复

可以通过【自定义快速访问工具栏】按钮添加或删除常用的命令

图 2 - 4　快速访问工具栏

3.【文件】选项卡

该选项卡提供的文件操作命令有【保存】、【另存为】、【打开】、【关闭】、【新建】、【打印】、【保存并发送】等。

利用【最近使用文件】可以迅速打开最近编辑过的文件。

【选项】命令可以修改多种 Word 功能。例如，用【自定义功能区】选项，可以定义用户自己的功能区，用【保存】选项，可以调整"保存自动恢复信息时间间隔"等。

【帮助】命令提供的 Word 联机帮助功能，可解决用户在实际操作中遇到的问题。

4. 功能区

Word 常用的功能区如图 2 - 5 所示，工作时需要用到的命令位于此处。可以通过【文件】选项卡→【选项】→【自定义功能区】命令自行调整功能区。

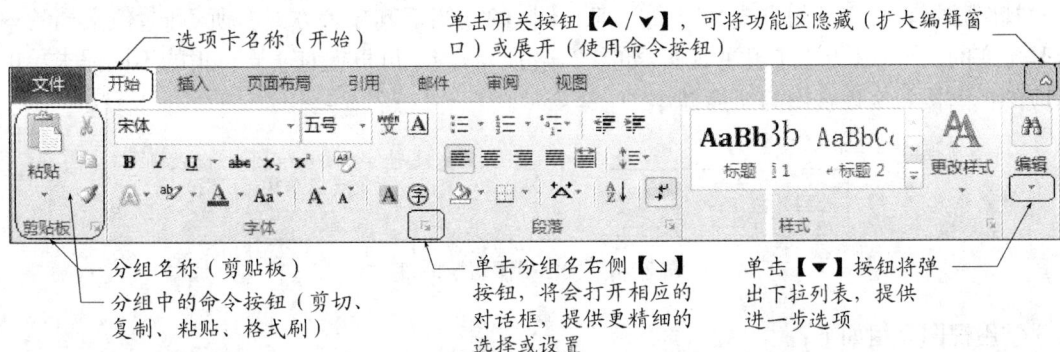

选项卡名称（开始）

单击开关按钮【▲/▼】，可将功能区隐藏（扩大编辑窗口）或展开（使用命令按钮）

文件　开始　插入　页面布局　引用　邮件　审阅　视图

宋体　五号
粘贴
剪贴板　字体　段落　样式　编辑

分组名称（剪贴板）

分组中的命令按钮（剪切、复制、粘贴、格式刷）

单击分组名右侧【↘】按钮，将会打开相应的对话框，提供更精细的选择或设置

单击【▼】按钮将弹出下拉列表，提供进一步选项

图 2 - 5　功能区

Word 2010 与以前的 Word 版本的不同之处是用功能区替代了传统的菜单。

图 2 - 5 中处于功能区第一行位置的是类似菜单的选项卡，在各个选项卡中，各命令按钮按功能分成若干组，各组以竖线分割，组的名称则显示在栏目的下方。图中显示的是【开始】选

项卡及其分组情况。

常见按钮【ᴧ/ᵛ】、【ↄ】、【▼】的功能如图 2-5 所示。

5. 编辑窗口

编辑窗口是用户进行文档输入、编辑、排版等的工作区域。

6. 显示比例

此区域可用于更改正在编辑的文档的显示比例,操作如图 2-6 所示。

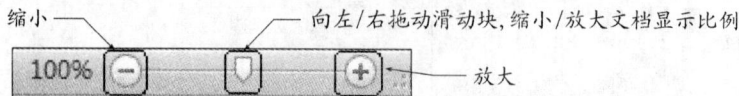

图 2-6 显示文档比例

7. 标尺

标尺分为水平、垂直标尺两种,通常只有在页面视图下才能显示水平、垂直两种标尺。标尺不仅用于显示文字所在的实际位置、页边距,还可以用于设置制表位、段落、页边距尺寸、左右缩进、首行(悬挂)缩进等。常见水平标尺如图 2-7 所示。

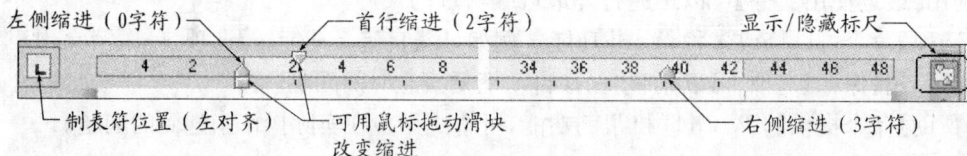

图 2-7 水平标尺

8. 文档视图

视图是指查看文档的方式。同一文档在不同的视图下其显示方式有所不同,但文档的内容是不变的。Word 提供了五种视图,如图 2-8 所示,用户可根据对文档编辑的不同需求单击相应的视图按钮实现视图的切换操作。

图 2-8 文档视图切换按钮

常用视图介绍如下:

(1) 页面视图。页面视图下显示的文档与打印出来的样式相同,即"所看即所得"。适合页边距、文本框、页眉和页脚、分栏、各种对象(如图片)等排版操作,是最常用的视图。

(2) Web 版式视图。利用该视图,可以在 Word 编辑环境下查看 Web 页在 Web 浏览器中的效果。

(3) 大纲视图。大纲视图是一种用缩进文档标题的方式来代表它们在文档中的级别的显示方式,适合编辑文档的大纲,便于审核和编辑文档的结构。

2.1.3　退出 Word

退出 Word 的常用方法如下:

(1) 在 Word 窗口中,选【文件】选项卡→【退出】/【关闭】。

(2) 单击 Word 窗口右上方的【×】按钮,这是最常用的方法。

(3) 按组合键【Alt+F4】,一般在鼠标出现故障时用。

通常执行退出操作时,如果文档输入或修改后没有保存,会打开是否要保存对文档修改的对话框,用户可根据自己的需要选择相应的按钮。

2.2　Word 的基本操作

2.2.1　创建新文档

通常在启动 Word 应用程序时就会自动新建一个空白文档。除此之外新建 Word 文档的方法有两种,介绍如下。

1. 在"资源管理器"中新建空白 Word 文档

在"资源管理器"中创建空白文档的方法如图 2-9 所示。

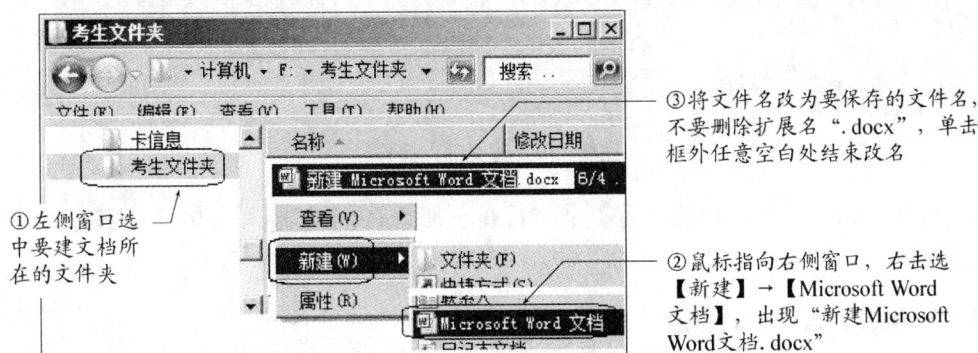

图 2-9　在"资源管理器"中新建空白 Word 文档

2. 在 Word 文档编辑时创建空白文档

在编辑 Word 文档的过程中,如果需要新建空白文档,常用操作方法如下:

(1) 选【文件】选项卡→【新建】,在"新建"界面选"空白文档"→【创建】。

(2) 按组合键【Alt+F】,打开【文件】选项卡,单击【新建】(或直接按【N】键),打开"新建"界面,选"空白文档"→【创建】。

(3) 按快捷键【Ctrl+N】。

2.2.2 打开已建的文档

常见的打开已建文档的操作方法如下：

（1）通过 Windows 的"计算机"，找到要打开的 Word 文档并双击该文档（参见 2.1 节 2.1.1 中图 2-2），这种方法用得最多。

（2）在 Word 窗口中，选【文件】选项卡→【打开】，弹出"打开"对话框，选择文件所在的位置（盘、文件夹），再选中要打开的 Word 文档→【打开】。

2.2.3 与输入文本有关的操作

1. 组合键

像【Shift＋W】、【Ctrl＋空格】、【Ctrl＋Shift】等均表示由两个键组成的组合键。其操作方法是：按住加号前面的键不放松，再按下加号后面的键。例如【Shift＋W】，按住【Shift】键不放松，再按下【W】键。

2. 英文输入

一般情况下，进入 Word 文档编辑窗口时输入状态为英文，并且自动设为小写英文字母输入，【Caps Lock】键以及组合键【Shift＋字母键】的操作如图 2-10 所示。

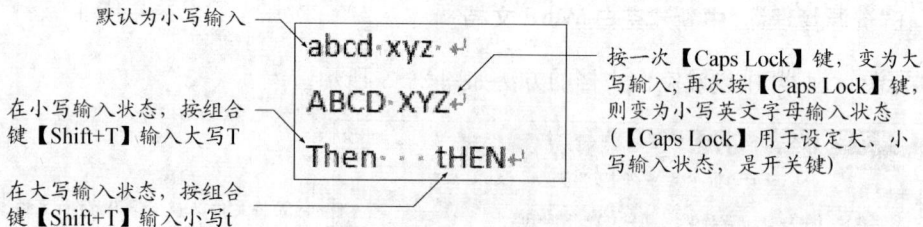

默认为小写输入 ———— abcd·xyz↵

在小写输入状态，按组合键【Shift+T】输入大写T

在大写输入状态，按组合键【Shift+T】输入小写t

ABCD·XYZ↵

Then···tHEN↵

按一次【Caps Lock】键，变为大写输入；再次按【Caps Lock】键，则变为小写英文字母输入状态（【Caps Lock】用于设定大、小写输入状态，是开关键）

图 2-10 英文输入操作

组合键【Shift＋F3】：可以将已有英文字符在全部大写、全部小写或单词首字符大写三种格式之间进行转换。

3. 中、英文输入状态的切换

按组合键【Ctrl＋空格】，可以在中、英文输入状态之间交替切换。

4. 中文输入

（1）不同中文输入法的切换：进入中文输入状态后，可以用组合键【Ctrl＋Shift】在不同的中文输入法中选择一种，然后输入中文。

（2）中文输入法的状态栏介绍：各种中文输入法的状态栏提供的功能基本相同，如图 2-11 所示，图中给出两种输入法以及各种不同的状态，单击相应按钮可改变其状态。

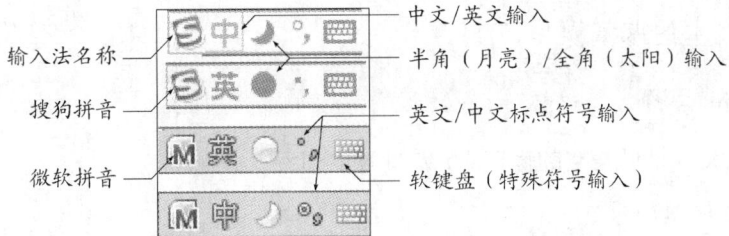

图 2-11　中文输入法状态栏简介

5. 符号输入

如果要输入键盘上没有的符号,常用的操作方法如下:

(1) 用软键盘。中文输入法状态栏提供软键盘按钮,可以解决大部分符号的输入。图 2-12给出了输入数字序号"⑥"的操作方法。

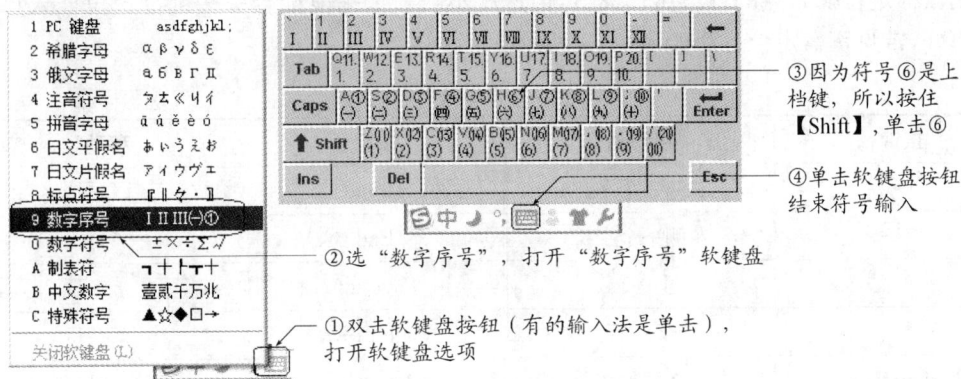

图 2-12　软键盘的使用方法

(2) 用【符号】命令。【符号】命令提供了所有的符号输入。图 2-13给出了输入符号"▶"的操作方法。

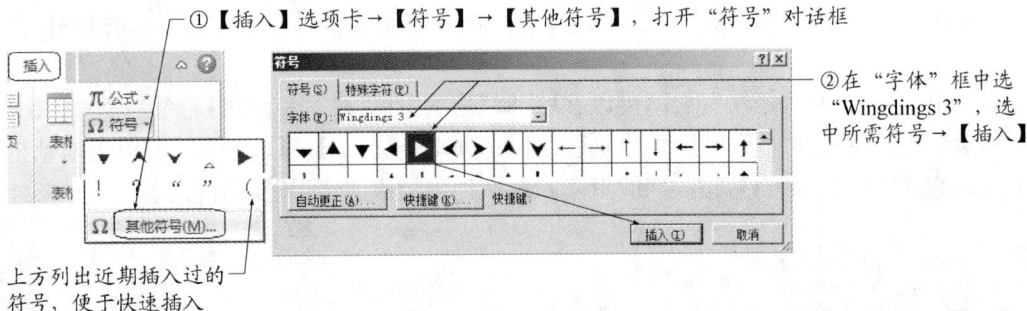

图 2-13　插入符号的方法

2.2.4　输入文本的基本操作

1. 插入与删除文本

插入和删除文本是最基本的操作,方法如图 2-14 所示。

②鼠标指针I指向插入处("拟"字右侧)并单击,改变了插入点,输入的文本将插入到"拟"字右侧

③如输入的文本将"技"字覆盖,说明当前为改写状态,按【Insert】键1次,可变为插入状态

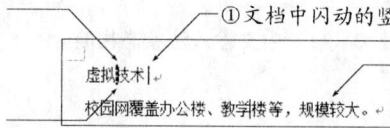

①文档中闪动的竖线称为"插入点"

虚拟技术|

校园网覆盖办公楼、教学楼等,规模较大。

④假定插入点在"学"字右侧,按【Enter】上方的【←】(称为退格键)将删除"学"字左侧的文本,按【Delete】将删除"学"字右侧的文本

图 2-14　插入和删除操作

用鼠标定位插入点的方法比较灵活,但速度不快。如果能配合一些键盘定位插入点的技巧则更好,常见键盘定位方法如表 2-1 所示。

表 2-1　键盘定位方法

按键	移动到	按键	移动到
→	右侧一个字符	Home	行首
←	左侧一个字符	End	行尾
↑	上一行	Page Up	上一屏
↓	下一行	Page Down	下一屏
Ctrl＋Home	文档首部	Ctrl＋End	文档尾部

2. 有关下画线的含义

如果不是自行对文本设置了下画线格式,却在文本的下面出现了下画线,一般情况下是由于 Word 处于检查"拼写和语法"状态,红色、绿色波形下画线分别表示可能存在的拼写、语法错误。

如果想关闭"拼写和语法"操作,可以在【审阅】选项卡选【拼写和语法】命令。

如果仅想隐藏上述的下画线,可以选【文件】选项卡→【选项】→【显示】,在打开的对话框中选中"只隐藏此文档中的拼写错误"和"只隐藏此文档中的语法错误"复选框。

2.2.5　保存和保护文档

1. 新建文档的保存

对新建的文档,无论是选【文件】选项卡→【保存】还是【另存为】,都会打开"另存为"对话框,在对话框中选定保存的位置(盘符与文件夹)、保存类型(通常默认为".docx"),输入文件名,单击【保存】。

2. 已有文档的保存

已有文档的保存一般有两种情况：

（1）已有文档经过修改后的保存，选【文件】选项卡→【保存】。

（2）如果想以另外的文件名保存（或者将文档保存到其他文件夹），则要选【文件】选项卡→【另存为】，在打开的"另存为"对话框的文件名栏输入新文件名（或者在左侧窗口选择要保存的文件夹），然后单击【保存】。

2.2.6 基本编辑技术

1. 文本（段落）的选取方法

（1）鼠标选取文本的常用操作方法：光标定位在开始处，拖动鼠标到结束处。需要注意的是，如果选取段落，则一定要选中段落标记"↵"。

（2）键盘选取文本的主要方法如下：

【Shift+→】：从光标处向右逐一选取文本；

【Shift+End】：选取光标处到行尾的文本；

【Shift+Home】：选取光标处到行首的文本；

【Ctrl+A】：选定整个文档。

（3）鼠标选取段落的操作方法。段落是以"↵"为结束标记的一段文本。选取方法是：鼠标移到文本编辑区左侧空白处，当鼠标呈现向右斜上方的空心箭头"⇗"时，单击鼠标选一行，双击鼠标选一段，三击鼠标选整篇文档。

2. 文本（段落）的操作

文本（段落）操作需要用到【剪切】、【复制】和【粘贴】命令，一般可以通过右击鼠标在弹出的快捷命令中选，也可以直接用组合键，还可以在【开始】选项卡的"剪贴板"组中单击相应的按钮实现，如图 2-15 所示。

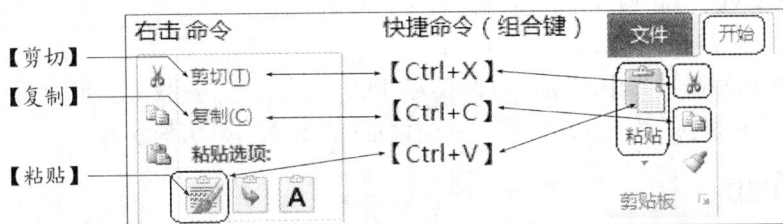

图 2-15 右击命令、组合键与"剪贴板"组中的命令按钮对照图

（1）复制/移动的操作方法：选定要复制的文本（段落）→选【复制】/【剪切】，再将光标定位到目标位置→选【粘贴】。

（2）近距离复制/移动的操作方法：如果要移动的文本（段落）距离较近（在同一窗口可见的范围内），那么选定要移动的文本（段落）后，用鼠标直接将其拖动到目标位置，松开鼠标。如果按住【Ctrl】键的同时拖动鼠标到目标位置，则为复制操作。

（3）跨文档复制/移动的操作方法：先打开原文档并选定文本（段落），选【复制】/【剪切】，再打开目标文档，将光标定位在目标文档中的目标位置，选【粘贴】。如果目标是一新文档，则可新建文档（参见 2.2.1 创建新文档），将光标定位在新文档中，选【粘贴】。

（4）删除的操作方法：选定要删除的文本（段落），按【Delete】键。

3. 拆分与合并段落

段落的拆分、合并操作事实上就是插入、删除段落标记"　"的操作，如图 2-16 所示。

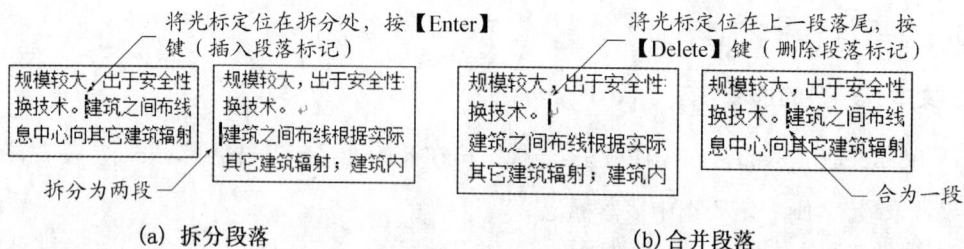

（a）拆分段落　　　　　　　　　　　　　（b）合并段落

图 2-16　段落的拆分与合并

插入、删除空段落（即空行）的操作如图 2-17 所示。

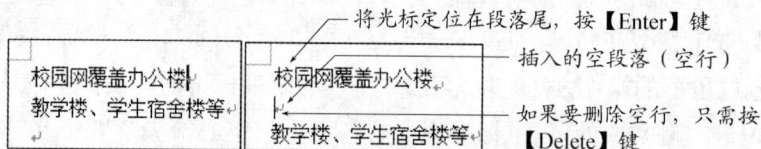

图 2-17　插入空段落（空行）

4. 查找与替换

查找和替换的操作方法如下：

在【开始】选项卡的"编辑"组，单击【替换】（或者单击【查找】右侧的【▼】，在出现的命令中选【高级查找…】或【转到…】），打开"查找和替换"对话框。

替换操作如图 2-18 所示。

说明：查找和替换操作中起始位置的设定，既可以在打开"查找和替换"对话框前事先定位，也可在"查找和替换"对话框的"搜索"项中设定（如图 2-18（b）所示）。

5. 脚注和尾注

如果要对文本加以注释，可以根据注释的位置（把注释放在当前页面的底端或放在文档的结尾处）而分别选用脚注或尾注。

插入脚注或尾注的操作方法如下：

（1）将光标（插入点）定位在需要加注释的文字之后，选【引用】选项卡的"脚注"组。

（2）单击"脚注"组名称右侧的【↘】，打开"脚注和尾注"对话框，选择插入"脚注"或"尾注"，设定其编号格式、起始编号和编号方式等格式→【插入】。

如果不需设置格式，则可直接单击"脚注"组中的【插入脚注】或【插入尾注】命令按钮。

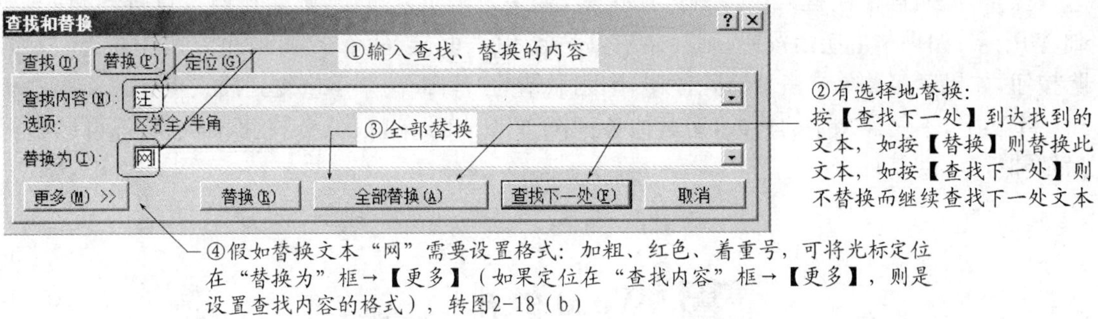

（a）查找和替换操作方法

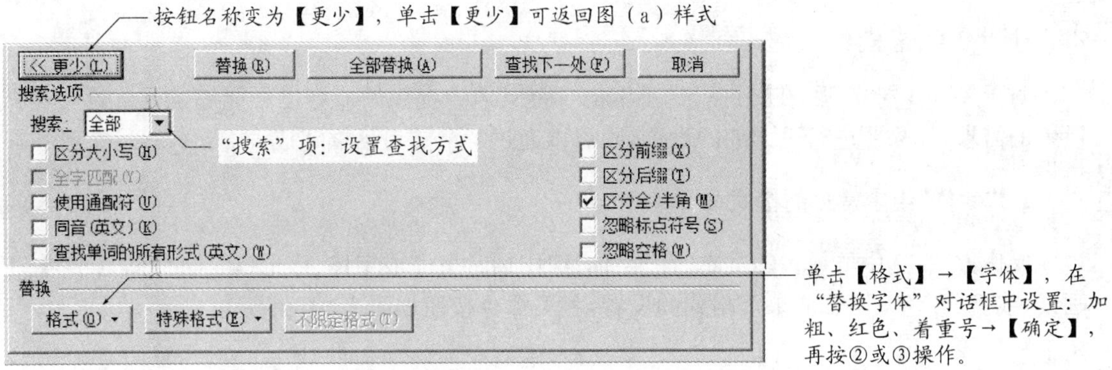

（b）设置替换格式

图 2－18　"查找和替换"对话框

删除脚注和尾注的操作方法如下：

将标有脚注或尾注的文字右边的虚框删除即可。

6. 插入文档

插入文档的情况有两种：

（1）将另一文档的部分内容插入到当前正在编辑的文档中。操作方法：打开另一文档，选中要插入的部分内容→【复制】，切换到当前正在编辑的文档，将光标定位在插入处→【粘贴】。

（2）插入另一文档的全部内容。操作方法：将光标定位在当前正在编辑的文档的插入处，选【插入】选项卡的"文件"组，单击【对象】右侧的【▼】→【文件中的文字】，打开"插入文件"对话框，选中要插入的文件→【插入】。

7. 将文档中部分内容以一个新文件保存

操作方法：选中当前文档中要以新文件保存的内容→【复制】，选【文件】选项卡→【新建】，选"空白文档"→【创建】，光标定位在打开的新文档→【粘贴】，然后将新文档以新文件名保存，关闭新文档返回原文档。

8. 撤销和重复

撤销和重复（恢复）按钮位于"快速访问工具栏"（参见图 2－4）。

操作方法：假定刚键入了"基础"两个字，如果单击重复按钮，则会在插入点自动插入"基础"两个字；如果单击撤销按钮，则会撤销自动插入的"基础"两个字，此时重复按钮变为恢复清除按钮，如果紧接着单击恢复清除按钮，则刚撤销的"基础"两个字恢复到插入点处。

事实上，不仅是文字的输入，对其他各种操作(比如段落操作、查找和替换等)都可以施行撤销和重复(恢复)命令。

2.3 Word 的排版技术

2.3.1 文字格式的设置

对于 Word 2010 版，在【开始】选项卡的"字体"组中提供的命令已经能够满足大部分格式设置的需求，如果要进行更详细的设置，则可以通过"字体"对话框完成。

1. "字体"组中常见的格式命令

操作方法：选中要设置的文本，在"字体"组中通常可完成字体、字形(粗体、倾斜)、字号、下画线(线型、颜色)、阴影效果等格式的设置，相关命令按钮如图 2-19 所示。

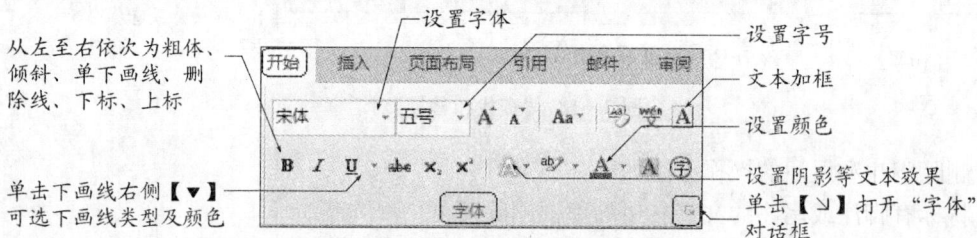

图 2-19 "字体"组常用的格式命令

2. "字体"对话框中常见的格式设置

操作方法：选中要设置的文本，单击"字体"组名称右侧的【↘】(如图 2-19 所示)，或者右击→【字体】，打开"字体"对话框。对话框主要有两个选项卡和【文字效果…】按钮。

【字体】选项卡：主要对中、西文混合的文本分别设置中文、西文字体，设置着重号、双删除线等。

【高级】选项卡：主要设置字符间距的缩放比例、字符的间距或改变字符相对水平基线、提升或降低显示的位置等。

单击【文字效果…】，在"设置文本效果格式"对话框中可设置更详细的文字效果。

3. 设置文本的边框和底纹

【开始】选项卡的"字体"组中提供的边框与底纹设置比较单一，不能满足需求，可在"边框和底纹"对话框中实现详细的设置。操作方法如下：

(1) 选定要加边框和底纹的文本。

（2）打开"边框和底纹"对话框，图 2-20 给出了两种方法。

图 2-20　打开"边框和底纹"对话框

（3）对话框中有 3 个选项卡，设置文本的边框选【边框】选项卡，设置文本的底纹选【底纹】选项卡，而在【页面边框】选项卡中可设置页面的边框。

4. 格式刷

在【开始】选项卡的"剪贴板"组有一个【格式刷】按钮，可以将已经设好格式（比如加粗）的文本的格式复制到其他文本上（也变为加粗）。操作方法如下：

（1）选定已经设置好格式的文本（其中一部分即可）。

（2）单击【格式刷】，此时鼠标指针变为刷子形状。

（3）鼠标指向要复制的文本开始处，拖动到文本结束处。

说明：以上方法【格式刷】的功能只能使用一次，如果将第（2）步改为双击【格式刷】，则可以"刷"（复制）多处文本，此时必须单击【格式刷】才能停止其复制功能。

事实上，【格式刷】不仅能复制文本的格式，还可以复制其他（如段落、标注、文本框等）格式。

2.3.2　段落的排版

对于 Word 2010 版，在【开始】选项卡→"段落"组中提供了常用的段落格式命令，如果要进行更详细的段落设置，则可以通过"段落"对话框完成。

1. "段落"组中常见的格式命令

操作方法：选中要设置格式的段落，在"段落"组中通常可完成项目符号、编号的设置以及文本对齐方式的设置，相关命令按钮如图 2-21 所示。

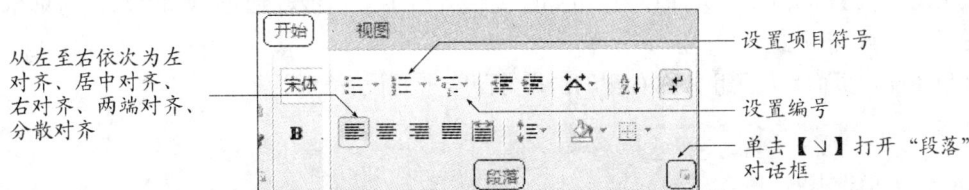

图 2-21　"段落"组常用的格式命令

2. "段落"对话框中常见的格式设置

操作方法：选中要设置的段落，单击"段落"组名称右侧的【↘】（如图 2-21 所示），或者右击→【段落】,打开"段落"对话框。

"段落"对话框的主要设置有:文本对齐方式、左右缩进、段落间距、首行或悬挂缩进、行间距等,如图 2-22 所示。

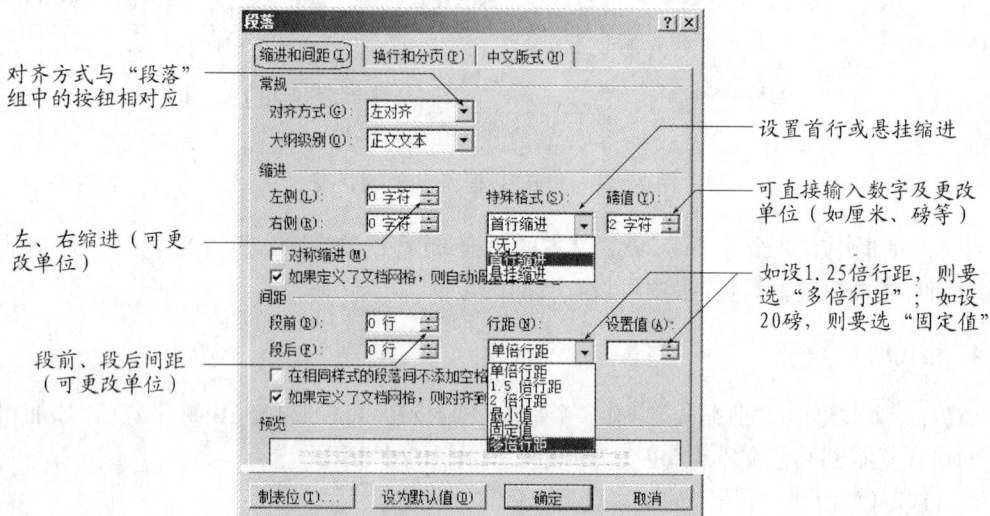

对齐方式与"段落"组中的按钮相对应

设置首行或悬挂缩进

可直接输入数字及更改单位(如厘米、磅等)

左、右缩进(可更改单位)

如设1.25倍行距,则要选"多倍行距";如设20磅,则要选"固定值"

段前、段后间距(可更改单位)

图 2-22　段落设置

3. 设置段落的边框和底纹

操作方法:选中要设置的段落,按照图 2-20 所示的两种方法打开"边框和底纹"对话框,分别在【边框】选项卡和【底纹】选项卡设置段落的边框和底纹。

说明:"边框和底纹"对话框既可对文本,也可对段落进行设置,因此在调用"边框和底纹"对话框前,可根据是否选中段落标记" "来识别所选对象是文本还是段落;也可通过在"边框和底纹"对话框的"应用于"列表框中选定"文本"或"段落"来确定设置的对象。

2.3.3　版面的设置

1. 设置页面

【页眉布局】选项卡的"页面设置"组如图 2-23 所示。一般是通过"页面设置"对话框对页面进行设置,操作方法如下:

(1) 单击"页面设置"组名称右侧的【↘】,打开"页面设置"对话框。

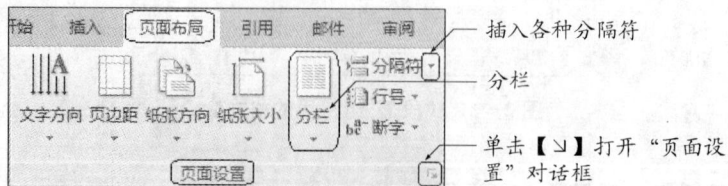

插入各种分隔符

分栏

单击【↘】打开"页面设置"对话框

图 2-23　"页面设置"组

（2）【页边距】选项卡主要设置页边距（含装订线位置）、纸张方向等；【纸张】选项卡主要设置纸张大小；【版式】选项卡主要设置页眉和页脚的格式（奇偶页不同、首页不同），距边界的距离，以及页面文本内容的垂直对齐方式等。

2. 插入分页符

Word 会根据页面设置的要求，在文本或编辑对象满一页时自动分页。当有特殊的情况，需要强行分页时，操作方法如下：

将光标定位在分页处，单击"页面设置"组→【分隔符】右侧【▼】（如图 2-23 所示），出现下拉列表，根据列表中提供的分页符（分页符、分栏符、自动换行符）或分节符（下一页、连续、偶数页、奇数页）以及相应的功能说明，选用所需的分隔符。

3. 分栏排版

分栏是将页面分为横向的多栏，与报纸或杂志中的分栏相似。分栏的设置方法如下：

选中要分栏的段落（一般是若干段落或全部段落），选【页面布局】选项卡→"页面设置"组→【分栏】，在出现的下拉列表中选相应的分栏命令，选【更多分栏】命令，将打开"分栏"对话框，可以进行栏宽、栏间距、分隔线等的详细设置。

4. 插入页码、页眉或页脚

在【插入】选项卡→"页眉和页脚"组，有【页眉】、【页脚】、【页码】3 个按钮，可以分别插入（编辑或删除）页眉、页脚和页码。以插入"奇偶页不同"的页眉为例，操作方法如图 2-24 所示。

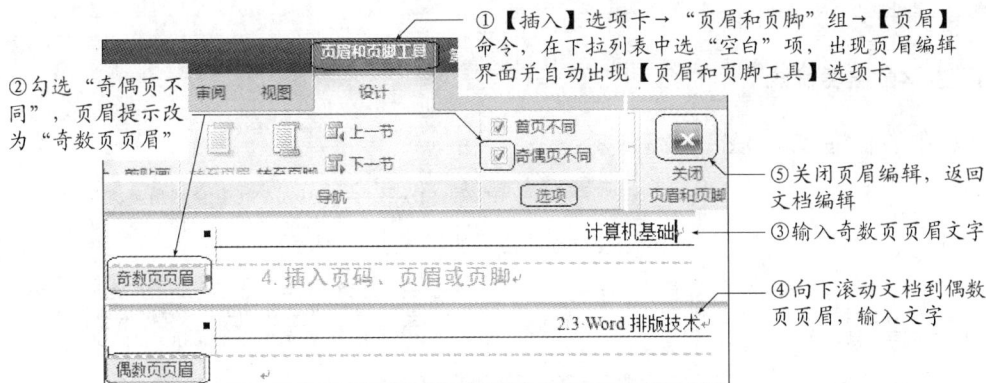

图 2-24　插入页眉

说明：如果仅执行图 2-24 中的第①、③、⑤步骤，就是插入通常的单页页眉。插入页脚、页码的操作类似，不再赘述。

5. 首字下沉

首字下沉是将某段落的首行第 1 个字符变大。首字下沉的操作方法如下：
光标定位在需要首字下沉的段落中，选【插入】选项卡→"文本"组→【首字下沉】→【首字下沉选项】,打开"首字下沉"对话框,主要设置有位置(下沉、悬挂)和选项(字体、下沉行数、距正文的距离)。

2.4 Word 表格的制作

2.4.1 创建表格

选【插入】选项卡→"表格"组→【表格】,可创建表格,如图 2-25 所示。

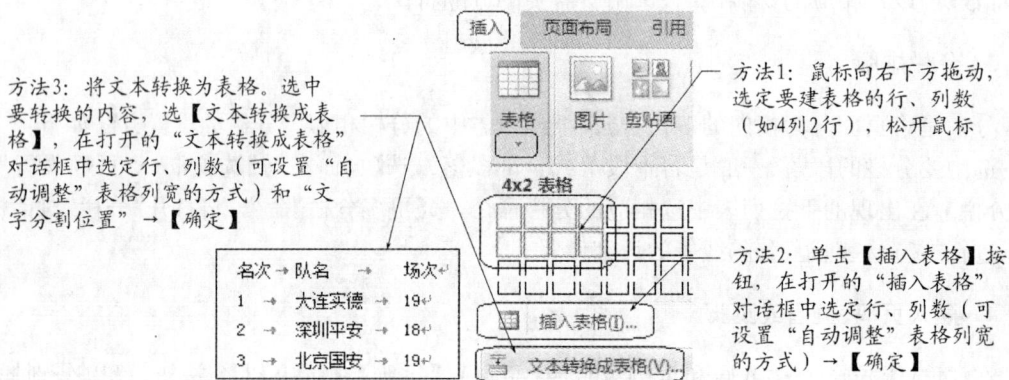

方法3: 将文本转换为表格。选中要转换的内容,选【文本转换成表格】,在打开的"文本转换成表格"对话框中选定行、列数(可设置"自动调整"表格列宽的方式)和"文字分割位置"→【确定】

方法1: 鼠标向右下方拖动,选定要建表格的行、列数(如4列2行),松开鼠标

方法2: 单击【插入表格】按钮,在打开的"插入表格"对话框中选定行、列数(可设置"自动调整"表格列宽的方式)→【确定】

名次	队名	场次
1	大连实德	19
2	深圳平安	18
3	北京国安	19

图 2-25 创建表格

2.4.2 编辑与修饰表格

1. 表格的有关概念

表格中的有关元素如图 2-26 所示。

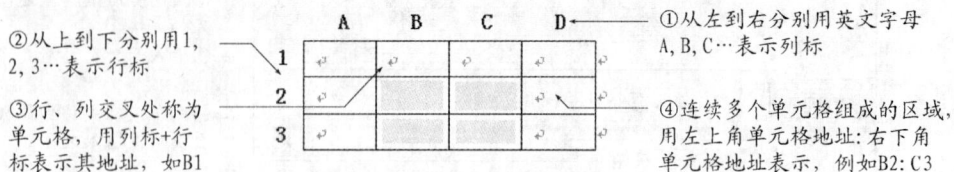

②从上到下分别用1,2,3…表示行标

③行、列交叉处称为单元格,用列标+行标表示其地址,如B1

①从左到右分别用英文字母A,B,C…表示列标

④连续多个单元格组成的区域,用左上角单元格地址: 右下角单元格地址表示, 例如B2: C3

图 2-26 表格的有关概念

2. 选定表格元素

常用鼠标选定表格中的单元格、行、列和整个表格,操作方法如图 2-27 所示。

3. 设置行高和列宽

将光标定位在表格中需要设置行高(列宽)的所在行(列)中的任意单元格,选【表格工具】选项卡→【布局】选项卡→"单元格大小"组,操作如图 2-28 所示。

鼠标指向单元格左框
线右侧，变为实心斜
箭头时单击，可选中
此单元格，若再拖动
可选中相应的区域

鼠标指向列头，变为向下实心箭头时单击，可
选中当前列，若再向左、右拖动则可选多列

鼠标指向行首，变为空心斜箭头
时单击，可选中当前行，若再向
上、下拖动则可选多行

单击表格左上角十字箭头图标（移动
控制点），选中整个表格

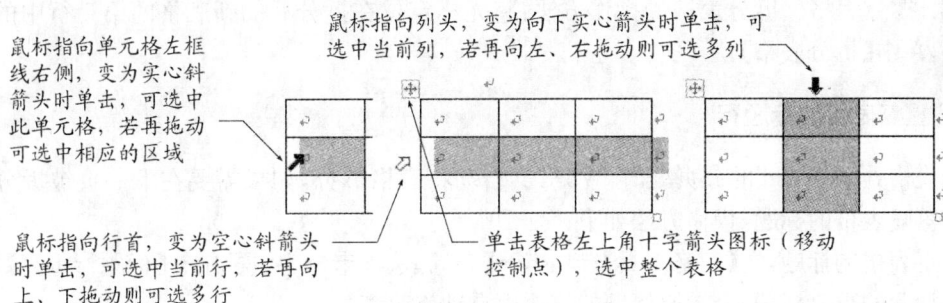

图 2 - 27　选定表格元素

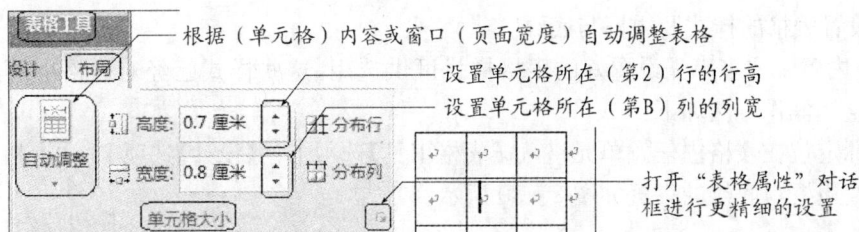

根据（单元格）内容或窗口（页面宽度）自动调整表格

设置单元格所在（第 2）行的行高

设置单元格所在（第 B）列的列宽

打开"表格属性"对话
框进行更精细的设置

图 2 - 28　设置行高和列宽

4. 插入或删除行、列和单元格

以行为例（列、单元格类同），将光标定位在表格中需要插入行的上（下）行中任意单元格，选【表格工具】选项卡→【布局】选项卡→"行和列"组，操作如图 2 - 29 所示。

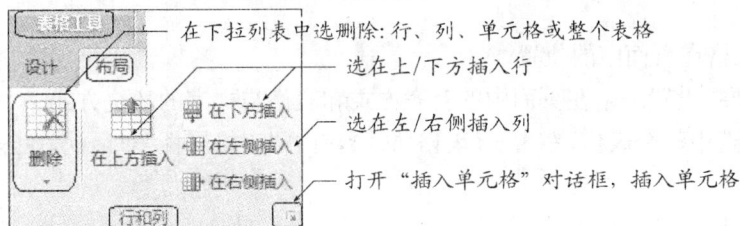

在下拉列表中选删除：行、列、单元格或整个表格

选在上/下方插入行

选在左/右侧插入列

打开"插入单元格"对话框，插入单元格

图 2 - 29　插入或删除行、列或单元格

说明：若选中多行（列），则可以插入同样多的行（列）。

5. 合并或拆分单元格和表格

合并、拆分单元格和拆分表格的操作一般都可以在【表格工具】选项卡→【布局】选项卡→"合并"组中选相应的命令按钮完成。

（1）合并单元格。合并单元格是指将相邻的多个单元格（区域）合并为一个单元格。操作方法：选中要合并的单元格，单击【合并单元格】按钮。

（2）拆分单元格。拆分单元格是指将单元格划分为多行、多列的多个单元格。操作方法：选中要拆分的单元格，单击【拆分单元格】，在打开的"拆分单元格"对话框中选拆分的行、列数→【确定】。

（3）拆分表格。拆分表格的操作方法：将光标定位在拆分后的新表格的第 1 行中的任意单元格，单击【拆分表格】。

6. 重复表格的标题行

当表格处于 Word 的分页处时，Word 会自动将表格拆分，如果需要在下一页被拆分的表格上方重复表格的标题，操作方法如下：

选定表格的标题，选【表格工具】选项卡→【布局】选项卡→"数据"组→【标题行重复】按钮。用此法设置的重复标题，会随原标题的修改而自动修改。

7. 设置表格的格式

（1）设置表格的样式及边框与底纹。

Word 内置了许多事先设置好的表格样式可供选用，这些样式已经对表格中的各种元素进行了设置。操作方法如下：

将光标定位在表格内任意单元格，选【表格工具】选项卡→【设计】选项卡→"表格样式"组，表格样式及边框与底纹的设置如图 2 - 30 所示。

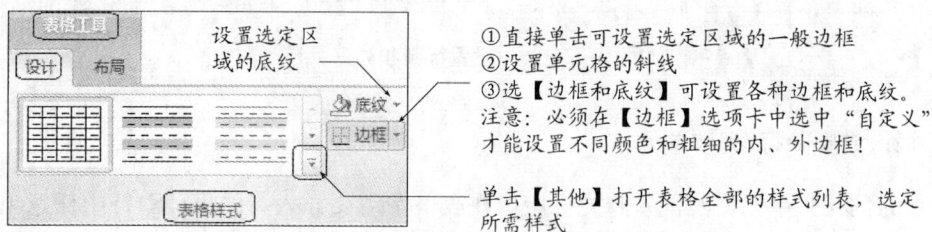

图 2 - 30　表格样式及边框与底纹设置

（2）设置表格在页面中的位置。

此设置主要指设置表格在页面中的对齐方式和表格与文字的环绕方式。

操作方法：选中整个表格，右击→【表格属性】，打开"表格属性"对话框，在【表格】选项卡中设置。

（3）设置表格中文本的格式。

表格中文本格式包括：

● 文字的颜色、字体、字号、字形等，其设置方法与文档排版中的设置相同；
● 文本的对齐方式，分为水平（两端、居中、右）与垂直（靠上、中部、靠下）两个方向共 9 种；
● 文字的方向（横、竖）；
● 单元格中文字与边框线的边距。

操作方法：选中要设置的文本（如果是整个表格，只需定位在任意单元格中），选【表格工具】选项卡→【布局】选项卡→"对齐方式"组，按照各按钮的提示信息选相应的按钮即可。

2.4.3　表格内数据的排序与计算

Word 可以对表格中的数据进行简单的排序和计算，但功能较弱，一旦数据发生变化，必须重新排序和计算。

1. 排序

排序操作方法如下：

将光标定位在要排序的表格中（或选中要排序的行），选【表格工具】选项卡→【布局】选项卡→"数据"组→【排序】，打开"排序"对话框。对话框的主要设置有：是否有标题行，主要、次要及第三关键字，对每个关键字设定排序类型（常见有拼音/数字）以及升/降序。

2. 计算

Word 内置了许多函数供用户在表格中进行统计计算。函数是由函数名后跟括弧组成的式子，括弧中含有若干参数。例如：求平均值函数"＝AVERAGE(E2:E4)"表示计算 E2 到 E4 区域中所有单元格数据的平均值。函数中的参数还可以用区域代词表示，例如："＝SUM(LEFT)"代表公式所在单元格左边所有单元格中数字之和，而区域代词 ABOVE、RIGHT、BELOW 则分别表示上方、右方、下方。

常见的函数如表 2-2 所示。

表 2-2　常见函数

函数名	功能
AVERAGE	求平均值
COUNT	求数字单元格的个数
SUM	求和
IF	判断

以图 2-31 所示的计算平均分为例，介绍输入计算公式的操作方法。

注意：单元格中所有的算式必须由"＝"号开始。

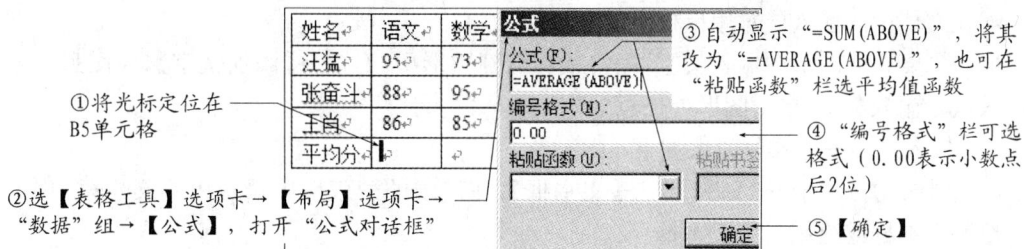

①将光标定位在 B5单元格

②选【表格工具】选项卡→【布局】选项卡→"数据"组→【公式】，打开"公式对话框"

③自动显示"=SUM(ABOVE)"，将其改为"=AVERAGE(ABOVE)"，也可在"粘贴函数"栏选平均值函数

④"编号格式"栏可选格式（0.00表示小数点后2位）

⑤【确定】

图 2-31　输入计算公式的方法

2.5　Word 的图文混排

图片和剪贴画、艺术字、文本框、图表以及各种图形（线条、矩形、箭头、流程图、星与旗帜、标注等）泛称对象。

2.5.1　插入对象

1. 插入剪贴画或图片

插入剪贴画或图片的方法如下：

(1) 选【插入】选项卡→"插图"组。

(2) 单击【剪贴画】，在 Word 窗口右侧打开"剪贴画"任务窗格，选合适的剪贴画→【插入】。

(3) 单击【图片】，打开"插入图片"对话框，选择事先存放的图片→【插入】。

2. 插入艺术字

艺术字是具有特殊效果的文字，它可以像图形那样进行编辑。

插入艺术字的操作方法如下：

(1) 选【插入】选项卡→"文本"组→【艺术字】，在弹出的"快速样式"列表中选择一种样式。

(2) 在打开的"请在此处放置您的文字"对话框中输入艺术字内容。

(3) 当光标定位在"艺术字"中时，自动弹出【绘图工具】选项卡，可以在【格式】选项卡进行"艺术字"的格式设置，例如在"艺术字样式"组选【文字效果】按钮，在下拉列表中可以设置阴影、三维旋转、转换(跟随路径、弯曲)等效果。

3. 插入其他对象

常用的对象还有图形和文本框。其插入操作的方法如下。

(1) 插入图形的操作方法如下：

● 选【插入】选项卡→"插图"组→【形状】，在出现的线条、矩形、箭头、流程图、星与旗帜、标注等图形列表中单击(选定)所要的图形对象；

● 在文档中的插入位置用鼠标拖动生成此对象；

● 如果要在此图形中输入文字，则将鼠标移到图形中，右击→【添加文字】，在图形中出现的插入点处输入文字，单击图形外任意处结束输入。

(2) 插入文本框的操作方法如下：

● 选【插入】选项卡→"文本"组→【文本框】，在出现的列表框中选择内置文本框(中的一种)、绘制文本框或绘制竖排文本框。

● 在插入位置单击，出现所选的文本框；

● 输入文字内容，单击文本框外任意处结束输入。

2.5.2　设置对象的格式

设置对象格式时选中对象，会在对象四周出现 8 个实心或空心小方块。

1. 设置对象的大小、位置和文字环绕

(1) 将鼠标移到对象上任意位置，指针变为十字箭头时，右击→【其他布局选项】/【大小和位置】，在打开的"布局"对话框中可以设置对象的大小、位置以及文字环绕方式。

（2）当鼠标移到小方块处时，鼠标指针会变成水平、垂直或斜向的双向箭头，按箭头方向拖动，可改变相应方向对象的大小。

（3）将鼠标移到对象上任意位置，指针变为十字箭头时，拖动对象到新的位置。

2. 对象的格式设置

将鼠标移到对象上任意位置，指针变为十字箭头时，右击→【设置图片格式】/【设置形状格式】，在打开的"设置图片（对象）格式"对话框中，可以为对象实施添加边框（线条）及其颜色、线型，填充（底色），设置阴影、三维效果、裁剪等格式操作。

说明：以上设置针对不同的对象会有所不同。

2.5.3　制作图形

一般情况下，比较复杂的图形往往是由多个单一的图形对象合成的，合成图形时最常见的操作是设置对象的叠放次序和运用对象的组合功能。

操作方法如图 2-32 所示。

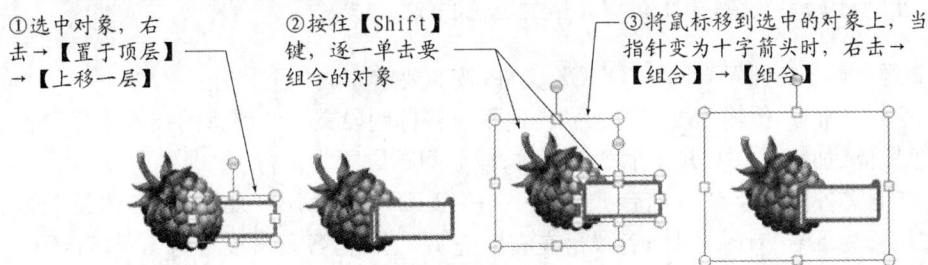

图 2-32　设置对象的叠放次序及对象的组合

说明：组合后的对象就变为一个对象，不会因为移动等操作而改变对象中各元素的相互位置。

取消组合的操作是：选定组合对象，右击→【组合】→【取消组合】。

习 题

第 1 题 (1) 打开 WORD1. DOCX 文件,按照要求完成如下操作:

① 将标题段("8086/8088CPU 的 BIU 和 EU")的中文设置为四号红色宋体,英文设置为四号红色 Arial 字体;标题段居中,字符间距加宽 2 磅。

② 将正文各段文字("从功能上看……FLAGS 中。")的中文设置为五号仿宋,英文设置为五号 Arial 字体;各段落首行缩进 2 字符,设置段前间距 0.5 行。

③ 为文中所有"数据"一词加粗并添加着重号;将正文第三段("EU 的功能是……FLAGS 中。")分为等宽的两栏,栏宽设为 18 字符,栏间加分隔线。

(2) 打开 WORD2. DOCX 文件,按照要求完成如下操作:

① 为表格第 1 行第 2 列单元格中的"[x]"添加"补码"下标,设置表格居中;设置表格中第 1 行文字水平居中,其他各行文字中部右对齐。

② 设置表格列宽为 2 厘米,行高为 0.6 厘米;设置外框线为红色 1.5 磅双窄线,内框线为绿色(标准色)1 磅单实线,第 1 行单元格为黄色底纹。

第 2 题 (1) 打开 WORD1. DOCX 文件,按照要求完成如下操作:

① 将文中所有"传输速度"替换为"传输率";将标题段文字("硬盘的技术指标")设置为小二号红色黑体、加粗、居中,并添加黄色底纹;段后间距设置为 1 行。

② 将正文各段文字("目前台式机中……512 KB 至 2 MB。")的中文字体设置为五号仿宋,英文设置为五号 Arial 字体;各段落左右缩进 1.5 字符,各段落设置为 1.4 倍行距。

③ 正文第一段("目前台式机中……技术指标如下:")首字下沉两行,距正文 0.1 厘米;正文后五段("平均访问时间:……512 KB 至 2 MB。")分别添加编号 1)、2)、3)、4)、5)。

(2) 打开 WORD2. DOCX 文件,按照要求完成如下操作:

① 设置表格列宽为 2.2 厘米,行高为 0.6 厘米;设置表格居中;表格中第 1 行和第 1 列文字水平居中,其他各行各列文字中部右对齐。设置表格单元格左右边距均为 0.3 厘米。

② 在"合计(元)"列中的相应单元格中,按公式(合计=单价×数量)计算并填入左侧设备的合计金额,并按"合计(元)"列升序排列表格内容。

第 3 题 打开 WORD. DOCX 文件,按照要求完成如下操作:

① 将标题段("财经类公共基础课程模块化")文字设置为三号红色(红色 255、绿色 0、蓝色 0)黑体居中,并添加蓝色(红色 0、绿色 0、蓝色 255)双波浪下画线。

② 将正文各段落("按照《高等学校……三种组合方式供选择。")文字设置为小四仿宋,行距设置为 18 磅,段落首行缩进 2 字符。

③ 在页面顶端居中位置输入"空白"型页眉,无项目符号,小五号宋体,文字内容为"财经类专业计算机基础课程设置研究"。

④ 将文中后 8 行文字转换为一个 8 行 5 列的表格;设置表格居中,表格第 2 列列宽为 6 厘米,其余列列宽为 2 厘米,行高 0.6 厘米,表格中所有文字水平居中。

⑤ 设置表格所有框线为 1 磅红色(红色 255、绿色 0、蓝色 0)单实线,计算"合计"行"讲课"、"上机"及"总学时"的合计值。

第3章
Excel 2010

3.1　Excel 基础

Excel 2010 是微软公司的办公软件 Microsoft Office 2010 的组件之一,它可以进行各种数据的处理、统计分析和辅助决策操作,广泛地应用于管理、统计财经、金融等众多领域。

3.1.1　启动 Excel

1. 启动 Excel 的方法

(1) 选【开始】→【所有程序】→【Microsoft Office】→【Microsoft Office Excel 2010】,出现 Excel 窗口。

(2) 双击桌面 Excel 快捷图标。

(3) 在计算机"资源管理器"中找到电子表格文件,双击该文件图标。这时与文件关联的 Excel 软件被打开,同时也打开了该电子表格文件。

方法(1)、(2)方法仅启动了 Excel 2010 应用程序,方法(3)不仅启动了 Excel 2010,同时还打开了与之相关联的 Excel 文件。

2. 退出 Excel 的方法

可以单击 Excel 应用软件右上角的【✕】关闭按钮退出 Excel,或选【文件】→【退出】命令,操作方法与退出 Word 类似,可参见第 2 章 2.1 节。

3.1.2　窗口介绍

Excel 窗口如图 3-1 所示,可分为两部分。

(1) Office 软件共有的部分:标题栏、快速访问工具栏、选项卡、功能区、滚动条、状态栏等。

(2) Excel 特有的部分:数据编辑区、名称栏、取消按钮、输入按钮、插入函数按钮、工作表区、工作表标签和标签滚动按钮等。

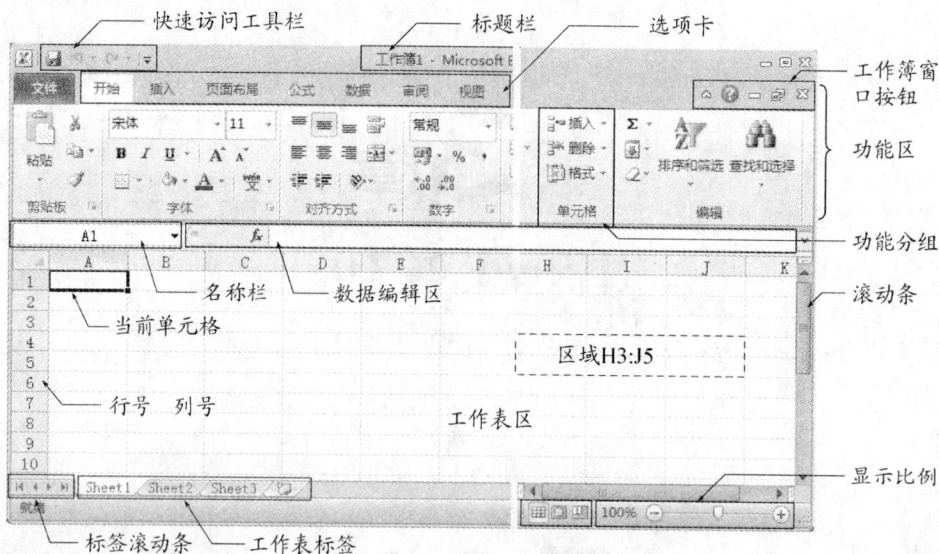

图 3 - 1　Excel 窗口组成

数据编辑区:用来输入或编辑当前单元格的值或公式,数据编辑区左侧是插入函数按钮【f_x】。

名称栏:显示当前单元格(或区域)的地址或名称,当编辑公式时显示公式名称。

1. 工作簿

一个 Excel 文件称为一个工作簿,扩展名为".xlsx"。打开 Excel 软件时,默认的新建工作簿文件名为"工作簿 x"(x 为数字,从 1 开始),显示在标题栏中,并显示第 1 个工作表 Sheet1(见工作表标签栏)。

一个工作簿可以含有一个或多个工作表,默认含有 3 个工作表,分别为 Sheet1、Sheet2、Sheet3,最多可以含有 255 个工作表。在图 3 - 1 所示的任何一个工作表标签上右击,选用相应的命令可以实现插入、删除、重命名、移动或复制工作表等操作。

2. 单元格

工作表由被分隔成行和列的栅格组成。一张工作表有 65536 行 256 列。列标为 A,…,Z,AA,AB,…,AZ,IA,IB,…,IV,行标为 1,…,65536。列、行的交叉点称为"单元格",单元格的名称(又称为地址)由其所处的列标、行标的组合来表示。如图 3 - 1 中,第 A 列、第 1 行交叉处的单元格称为 A1 单元格。

3. 当前单元格

当前单元格又称活动单元格,是当前正在编辑的单元格,用粗线框表示。其地址出现在"名称栏"中,如图 3 - 1 所示,A1 单元格为当前单元格。单元格内一般只显示列宽范围内的数据,其完整的内容出现在"数据编辑区"中,如图 3 - 2 所示。

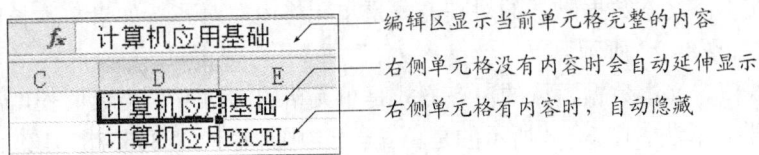

图 3-2　数据编辑区

4. 区域

区域是用左上角单元格地址＋冒号＋右下角单元格地址表示的一个矩形区域,如图 3-1 中区域 H3:J5。

区域表示中运算符逗号与空格的用法:

(1) 如(B7:D7,C6:C8),括弧中 2 个区域之间用逗号隔开,表示 B7:D7 和 C6:C8 这两个区域所覆盖的 6 个单元格。

(2) 又如(B7:D7 C6:C8),括弧中 2 个区域之间用空格隔开,表示这两个区域的交集单元格,即 C7 单元格。

5. 引用其他工作表的单元格数据

单元格地址的一般形式为:[工作簿文件名]工作表名! 单元格地址。如果引用当前工作簿中的各工作表单元格的地址时,"[工作簿文件名]"可以省略,如"Sheet1! D8";如果引用当前工作表单元格的地址时,"工作表名!"可以省略,如"D8"。例如"＝SUM([Book1. xlsx]Sheet1:Sheet4! ＄D＄8)"表示求 Book1 工作簿中 Sheet1 到 Sheet4 共 4 个工作表的 D8 单元格内容的和。

3.1.3　新建和保存工作簿

新建 Excel 工作簿的方法类似于新建 Word 文档,可参见第 2 章 2.2 节。

保存工作簿的方法:

(1) 以原文件名保存,选【文件】选项卡→【保存】;

(2) 新建的工作簿或者已建工作簿要以另一个文件名保存时,选【文件】选项卡→【另存为】。

说明:新建工作簿保存时,即使选择【保存】也会出现"另存为"对话框,在对话框中选定保存位置、保存类型、文件名,单击【保存】。

3.2　编辑工作表

3.2.1　输入数据

1. 输入数据

用户可以单击"数据编辑区"进行编辑,也可以单击或双击单元格,在单元格内直接进行编辑。

（1）输入文本。文本数据默认的对齐方式是单元格内左对齐。如果文本长度超过单元格宽度，显示方式如图 3-2 所示。

（2）输入数值。文本数据默认的对齐方式是单元格内右对齐。当数值长度超过 11 位时，自动转换成科学表示法。图 3-3 所示的是 A1 至 E1 中都输入 1234567890123 的情形。

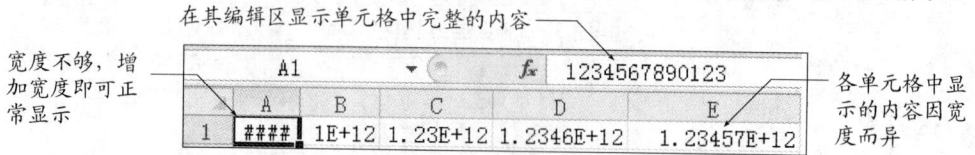

在其编辑区显示单元格中完整的内容————

宽度不够，增加宽度即可正常显示

	A1			f_x	1234567890123
	A	B	C	D	E
1	####	1E+12	1.23E+12	1.2346E+12	1.23457E+12

各单元格中显示的内容因宽度而异

图 3-3 输入数值

分数的输入方法：在单元格中必须先输入 0 和空格，然后再输入分子、/、分母。

注意：如果直接输入分数，比如"3/4"，单元格会自动转成日期格式"3 月 4 日"。

（3）输入日期和时间。日期和时间默认的对齐方式是单元格内右对齐。如果输入的是 Excel 不能识别的日期或时间，输入的内容将被视为文本。如果单元格输入的是日期，就会将单元格格式化为日期格式，再输入数值时仍然转换成日期格式。例如，先输入 2014/6/4，再输入 30，将显示 1900/1/30（以 1900 年 1 月 1 日为起点，加上 30 天得到）。

（4）输入文本型数字。如果要输入由"0"开头的完全是数字组成的文本，应先输入单引号，再输入数字，如图 3-4 所示。输入的内容作为文本在单元格内左对齐。

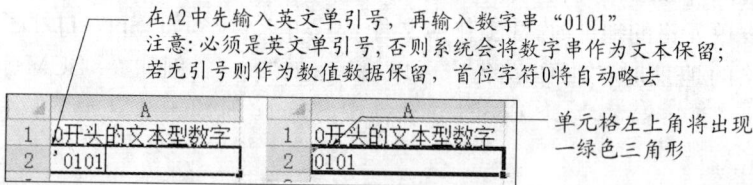

在A2中先输入英文单引号，再输入数字串 "0101"
注意：必须是英文单引号，否则系统会将数字串作为文本保留；
若无引号则作为数值数据保留，首位字符0将自动略去

	A			A
1	0开头的文本型数字		1	0开头的文本型数字
2	'0101		2	0101

单元格左上角将出现一绿色三角形

图 3-4 输入文本型数字

说明：在单元格输入数据时，如果需要换行操作，则必须用组合键【Alt＋Enter】。

2. 填充文本序列

文本序列有两种，一种是系统内置的序列，直接拖动填充柄即可生成，另一种需要用户先自定义序列，然后拖动填充柄生成。

（1）添加和导入自定义序列。

选【文件】选项卡→【选项】，在打开的"Excel 选项"对话框中选【高级】→"常规"栏内的【编辑自定义列表】，出现"自定义序列"对话框，添加和导入操作如图 3-5 所示。

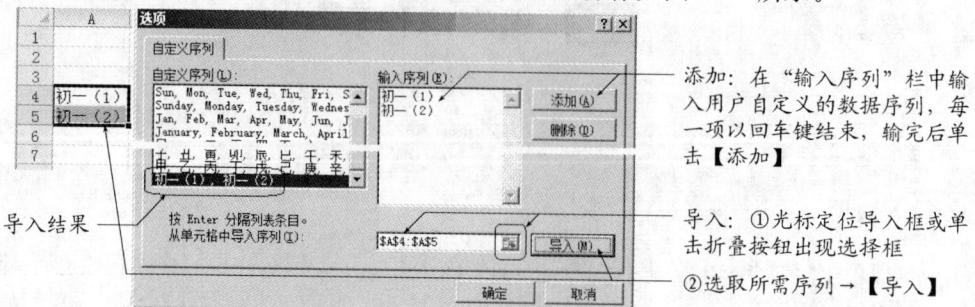

导入结果

添加：在"输入序列"栏中输入用户自定义的数据序列，每一项以回车键结束，输完后单击【添加】

导入：①光标定位导入框或单击折叠按钮出现选择框
②选取所需序列→【导入】

图 3-5 添加和导入自定义序列

（2）填充序列。

方法 1：拖动填充句柄（简称填充柄）填充序列，操作方法如图 3-6 所示。

先在序列第1个单元格（A1）输入序列首文本"甲"，鼠标指向A1右下角的填充柄（1个黑方点），当形状变为实心"＋"时，向下拖动鼠标到A5单元格，松开，完成填充

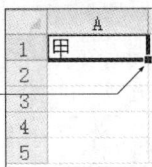 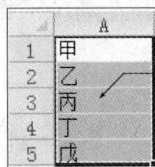

自动填充的是已定义的自定义序列，可在图3-5的左窗口中找到

（a）填充前　　（b）填充后

图 3-6　填充句柄填充

方法 2：利用对话框填充数据序列，操作方法如图 3-7 所示。

①将光标定位在要填充序列所在的第1个单元格，输入第1个值，再选中填充区域A1：A5

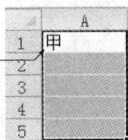  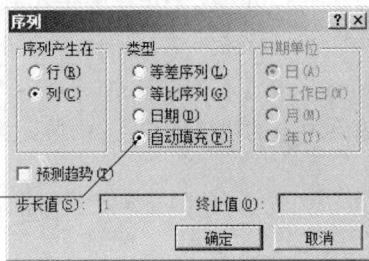

②选【开始】选项卡→"编辑"组【填充】→【序列】，打开"序列"对话框，选中"自动填充"→【确定】，结果参见图3-6（b）

图 3-7　自动填充序列

3. 填充等差/等比序列

方法 1：在需要填充序列的单元格区域开始处的第 1、2 两个单元格中输入等差/等比序列的前两项（两项能体现公差/公比），选中前两项，拖动填充句柄自动填充到最后的单元格。

方法 2：在需要填充序列的单元格区域开始处的第 1 个单元格中输入等差/等比序列的第 1 项，选中需要填充的区域，打开"序列"对话框（如图 3-7 所示），在"类型"栏选中"等差/等比序列"，设置步长值（公差/公比）→【确定】。

3.2.2　编辑工作表

1. 插入对象

在【开始】选项卡→"单元格"组，单击【插入】按钮出现下拉列表，用其中的【插入单元格】、【插入工作表行】、【插入工作表列】和【插入工作表】等命令可以插入相应的对象。操作方法如下：

（1）插入单元格。选中需要插入的单元格或区域，单击【插入单元格】，打开"插入"对话框，如图 3-8 所示，选中相应的项→【确定】

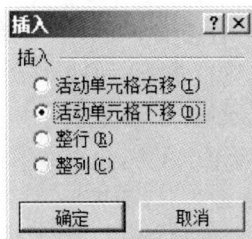

图 3-8　"插入"对话框

（2）插入行或列。以插入行为例介绍操作方法，插入列的操作类似。选中需要插入行所在的单元格或行（行首的数字），单击【插入工作表行】完成插入。如需要插入多行时，选中多行的单元格区域（对选中几列没有要求，只

要保证选中行的数目等于要插入行的数目即可)或多行,单击【插入工作表行】完成插入。

(3) 插入工作表。在 Excel 窗口的左下方工作表标签栏选中工作表,单击【插入工作表】,则在当前工作表左侧插入一个新的工作表。

2. 删除对象

操作方法:选中要删除的单元格、行、列或工作表,选【开始】选项卡→"单元格"组,单击【删除】按钮,在出现的下拉列表中,根据需要单击【删除单元格】、【删除工作表行】、【删除工作表列】或【删除工作表】中的相应命令按钮。

3. 清除内容

清除单元格数据不是删除单元格本身,而是清除单元格中的内容、格式或批注等。

操作方法:选【开始】选项卡→"编辑"组→【清除】(🖉),在出现的下拉列表中,根据需要,单击【全部清除】、【清除格式】、【清除内容】、【清除批注】、【清除超链接】中相应的命令按钮。

清除内容的快捷方法:选中单元格区域,按【Delete】键。

3.2.3 设置工作表格式

1. 单元格格式

单元格格式可视为区域的格式。操作方法:选中需要设置格式的区域,选【开始】选项卡→"数字"组右侧的【↘】按钮,打开"设置单元格格式"对话框,如图 3-9 所示。

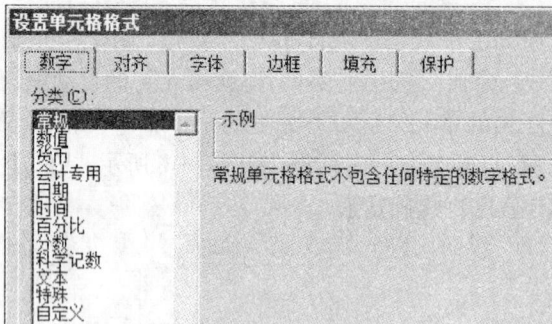

图 3-9 "设置单元格格式"对话框

各选项卡的设置介绍如下:

(1) 数字:可改变数字在单元格中的显示形式,但不改变在编辑区的显示形式。包含常规、数值、货币、会计专用、日期、时间、百分比等各种数据的格式设置。

(2) 对齐:包含文本在水平、垂直方向的对齐方式,文本控制(自动换行、缩小字体填充、合并单元格)等设置。

(3) 字体:包含字体、字形、字号、下画线、颜色等设置。

(4) 边框:包含外边框、内边框、斜线等框线的设置。

(5) 填充:即单元格底纹设置,包含底纹的颜色和底纹图案的设置。

(6) 保护:保护工作表,提供锁定和隐藏功能。

2. 合并单元格

合并单元格的常用方法如下：

（1）选中要合并的单元格区域；

（2）打开图 3-9 所示的"设置单元格格式"对话框，选【对齐】选项卡，勾选"合并单元格"选项。也可以用功能区中【合并后居中】命令按钮实现，操作如图 3-10 所示。

说明：此命令按钮将单元格合并后，会将单元格内容居中。

选中 A1:H1 单元格区域，选【开始】选项卡→"对齐方式"组→【合并后居中】右侧下三角形→【合并后居中】

合并居中结果

图 3-10　单元格合并与居中

3. 设置行高与列宽

设置行高或列宽的常用操作方法有两种：

（1）将光标指向两行或两列之间，当鼠标指针变成双向箭头形状时，拖动鼠标调整行高或列宽，此时如双击鼠标即为"自动调整行高或列宽"。

（2）选中要调整的行或列，选【开始】选项卡→"单元格"组→【格式】，选【自动调整行高】/【自动调整列宽】可自动调整行高或列宽；选【行高】/【列宽】，可以直接设置行高或列宽的精确数值。

4. 设置条件格式

设置条件格式的常用操作方法如下：

（1）选中需要设置格式的单元格区域；

（2）选【开始】选项卡→"样式"组→【条件格式】。假如要设置的条件格式为：当单元格的值大于 10 时，单元格格式为"浅红色填充深红色文本"，如图 3-11 所示，则设置结果单元格底纹为浅红色填充，文字颜色是深红色。

5. 自动套用格式

自动套用格式是把 Excel 提供的显示格式自动套用到用户指定的单元格区域，可以使表格更加美观，易于浏览。操作方法如图 3-12 所示。

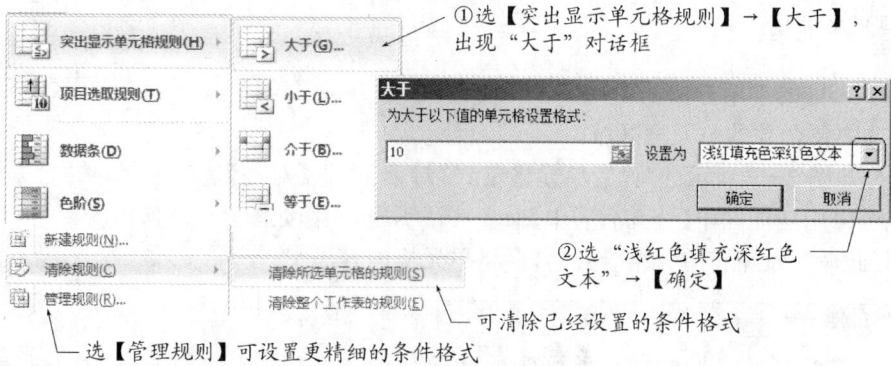

图 3-11　设置条件格式

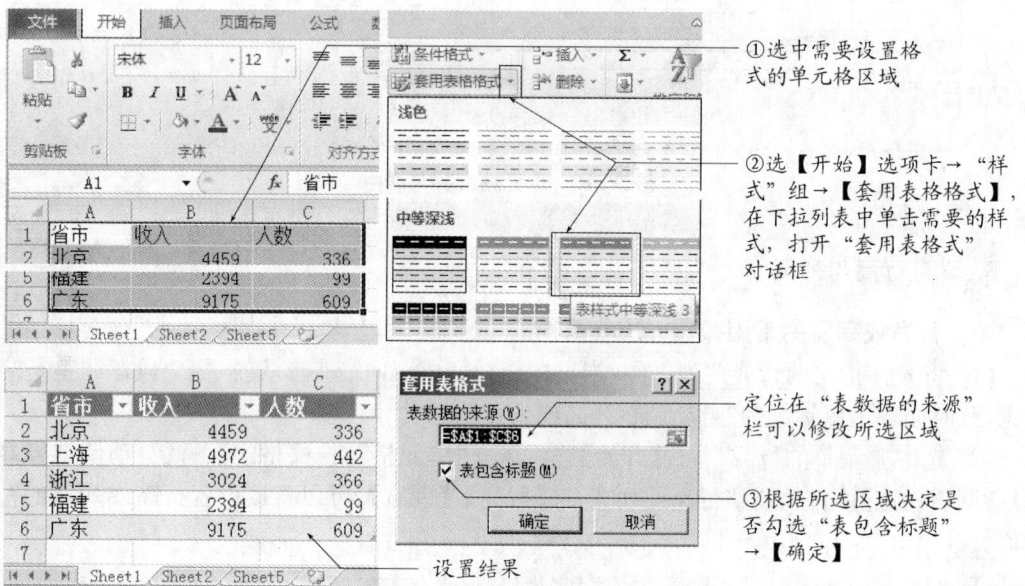

图 3-12　自动套用格式

3.3　公式与函数

Excel 中的公式分为两类,一类是 Excel 内置的公式,称为函数,另一类是用户自编的公式,当然自编公式中可以引用函数。Excel 有大量的函数可供调用,为数据的计算提供了极大的方便,更显出它的优越性。

3.3.1　公式

1. 运算符

输入的公式必须以"="开头。公式中通过单元格的地址实现对单元格或区域中数据的引用。公式中常用的运算符如表 3 - 1 所示,表中运算符的优先级从高到低排列。

表 3 - 1　常用运算符

运算符	功能	举例
—	负号	—5,—C6
^	乘方	5^2(即 5^2)
* ,/	乘,除	3 * 6,15/4
+ ,—	加,减	5+6,13—1
&	字符串连接	"Excel"&"2010"(即 Excel2010)
=,<> >,>= <,<=	等于,不等于 大于,大于或等于 小于,小于或等于	5=8 的值为假,5<>8 的值为真 5>8 的值为假,8>=5 的值为真 5<8 的值为真,8>=5 的值为假

2. 插入与复制公式

以图 3 - 13 中计算"所占比例"列的值为例,介绍插入与复制公式的操作方法:

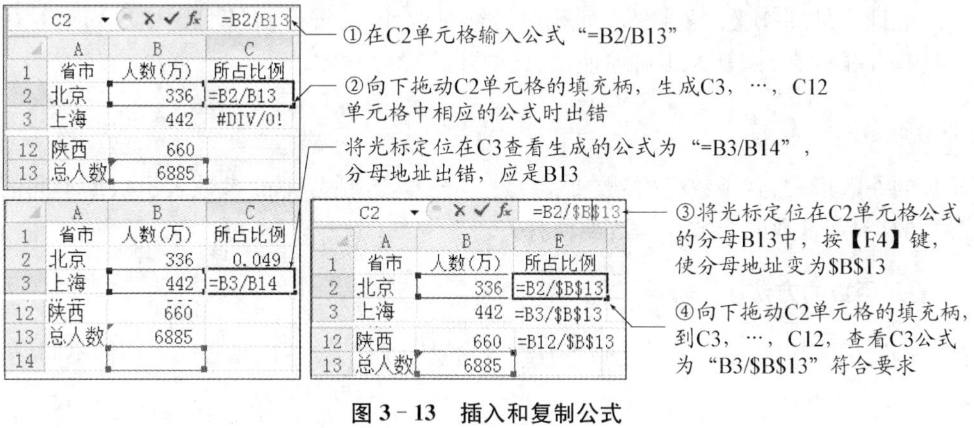

图 3 - 13　插入和复制公式

3. 单元格地址的引用

单元格地址的引用方式有三种:相对地址、绝对地址和混合地址。

(1) 相对地址。

图 3 - 13 中形如 B2、B13 的地址称为相对地址,相对地址的特点是当此单元格内容填充到另一单元格时单元格地址会发生相对变化。

在 C2 单元格输入公式"=B2/B13",则向下拖动填充句柄时 C3 自动填充"=B3/B14"(列标不变,行号相对改变),向右拖动填充句柄时 D2 自动填充"=C2/C13"(列标相对改变,行号不变)。

利用相对地址的这一特点,可以用填充柄功能快速输入具有共性的一列(一行)函数或公式。

(2) 绝对地址。

图 3-13 中形如 ＄B＄13 的地址称为绝对地址,绝对地址的特点是当此单元格内容填充到另一单元格时单元格地址不会发生变化。

图 3-13 中第②步向下自动填充时,按照相对地址的规则 C3 中公式变为"＝B3/B14",出现错误的原因是公式中分母 B14 单元格没有数据。应让 C2 单元格公式中的分母 B13 在向下拖动填充柄时保持不变,即需要使用绝对地址 ＄B＄13,如图 3-13 第③步将 C2 的公式改为"＝B3/＄B＄13",再次向下拖动填充柄时,C3 自动填充的公式为"＝B3/＄B＄13",C4 自动填充"＝B4/＄B＄13",C5、C6 依次填充为"＝B5/＄B＄13"、"＝B6/＄B＄13"。

(3) 混合地址。

混合地址,格式如 ＄B3、B＄3。当拖动填充柄时公式中引用的混合地址其"绝对"的部分不会变化,而"相对"的部分会随着拖动而做相对变化。假定在 C2 单元格输入公式"＝B2/B＄13",分母 B＄13 为混合地址(列标 B 为相对地址,行号 ＄13 为绝对地址),当向下拖动填充句柄时,分母的列标 B 因为列没有变化仍为 B,行虽然变化但由于是绝对地址故仍为 ＄13,C3 中自动填充的格式为"＝B3/B＄13";若向右拖动填充句柄时,D2 自动填充的公式为"＝C2/C＄13",请读者自行分析。

(4) 设置相对、绝对、混合地址的方法。

将光标定位在一个单元格地址的任意位置或右侧,假设这个地址是相对地址,按【F4】键变成绝对地址,再按一次【F4】键变成列相对行绝对地址,再按一次【F4】键变成列绝对行相对地址,再按一次【F4】键恢复为相对地址,如此循环。

3.3.2 函数

函数的一般形式为:函数名(参数 1[,参数 2,…]),方括号中的参数表示根据不同的函数决定参数的个数,参数的个数与函数类型有关。

1. 插入函数的方法

插入函数的方法如图 3-14 所示,"函数参数"对话框的设置因函数的不同而不同。

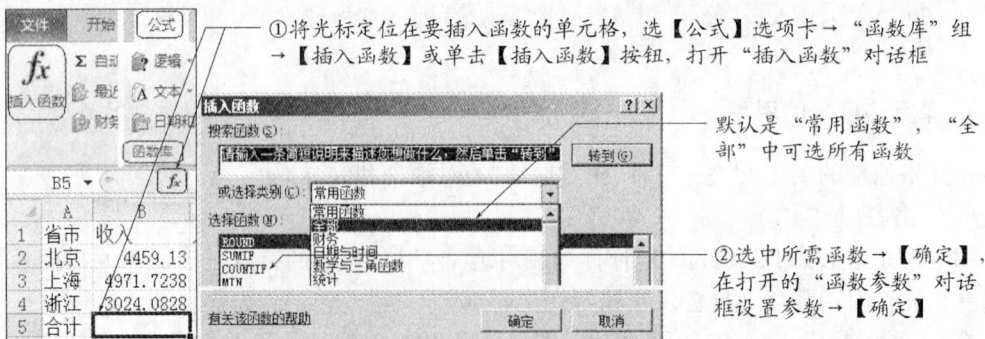

图 3-14 "插入函数"对话框

2. 常用函数

Excel 中有大量的内置函数,可以通过帮助查找这些函数,每个函数的使用方法可通过调用此函数的对话框的提示或帮助下自学。下面通过几个常用函数介绍函数的插入与复制方法。

(1) SUM(Number1,Number2,…):求和函数。

功能:求多个参数的累加和。

图 3-15 以统计总分为例介绍插入与复制 SUM 函数的操作方法。

①将光标定位在E3,单击"插入函数"按钮,在"插入函数"对话框的"选择函数"列表选SUM,设置"函数参数"对话框,如图3-15(b)所示

②选中E3,鼠标指向右下角的填充柄,当形状变为实心"＋"时,向下拖动鼠标到E5松开

E4自动填充"=SUM(B4:D4)"

E5自动填充"=SUM(B5:D5)"

	A	B	C	D	E
1	公共基础课考试成绩表				
2	学号	高数	C语言	英语	总分
3	B07052001	87	87	79	253
4	B07052002	89	59	67	
5	B07052003	88	78	59	

E3　=SUM(B3:D3)

(a) 插入与复制SUM函数

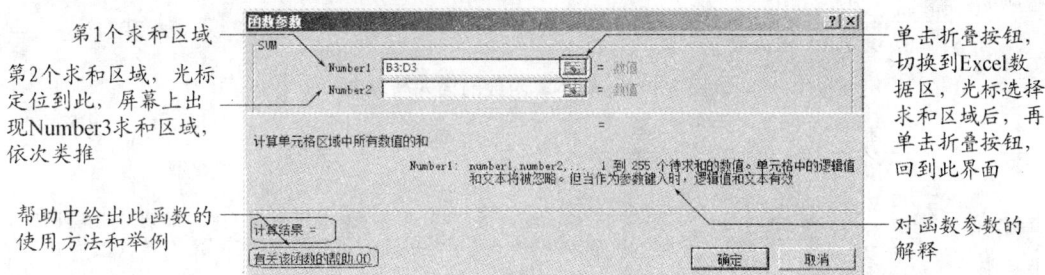

第1个求和区域

第2个求和区域,光标定位到此,屏幕上出现Number3求和区域,依次类推

帮助中给出此函数的使用方法和举例

单击折叠按钮,切换到Excel数据区,光标选择求和区域后,再单击折叠按钮,回到此界面

对函数参数的解释

(b) SUM "函数参数" 对话框

图 3-15　SUM 函数

说明:如图 3-15 所示,当 E3 中输入了求"B07052001"学生的总分的函数"=SUM(B3:D3)"后,运用单元格的相对地址,通过拖动 E3 的填充柄,可自动生成 E4、E5 等单元格相应的求和函数"=SUM(B4:D4)"和"=SUM(B5:D5)"。

(2) RANK(Number,Ref,Order):排位函数。

功能:返回某单元格数据在某单元格区域数据中的排名。

图 3-16 以计算各省市收入在所有省市中的排位(即排名)为例,介绍 RANK 函数三个参数的含义、设置和复制的方法。

说明:第 2 参数的绝对地址:既可以在"函数参数"对话框的【Ref】参数中直接设置,也可以先生成相对地址,然后在编辑框中进行设置。

(3) IF(Logical_test,Value_if_true,Value_if_false):条件判断函数。

功能:若"Logical_test"逻辑表达式的值为真,返回"Value_if_true"的值,否则返回"Value_if_false"的值。图 3-17 为 IF 函数举例。

(4) COUNTIF(Range,Criteria):条件计数函数。

功能:统计 Range(条件数据区)中满足给定的 Criteria(条件)的单元格的个数。

图 3-18 是统计"专科"在 B2:B16 中出现的次数(即计算学历是专科的人数)并存入 E2 中。

将光标定位在存放排位值的C2单元格，插入RANK函数，打开"函数参数"对话框，将光标定位在Number栏，单击单元格B2，再定位在Ref栏，单击B2并拖动到B4单元格；Order栏为升、降序排位选择，默认降序，本例可不填→【确定】，结果见图3-16(b)

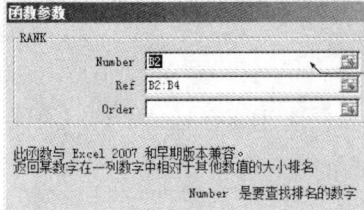

（a）RANK函数的参数设置

第1参数B2表示北京收入数据
第2参数B2:B4表示排位范围3个省市的收入数据

C2中显示的2是排位结果，即北京收入在3省市中的排位为第2

C3单元格应是B3在B2:B4范围内的排位，可见函数中第2参数必须采用绝对地址！才能保证函数的正确复制

查看C3单元格为"=RANK(B3，$B$2:$B$4)"

（b）复制RANK函数

图 3-16　RANK 函数的插入与复制

C2中IF函数的第1参数为条件表达式B2>1300，如果满足条件就显示第2参数"消费较高"，否则显示第3参数" "（空格）

复制到C3为"=IF（B3>1300，"消费较高"，" "），所以显示第3参数" "（空格）

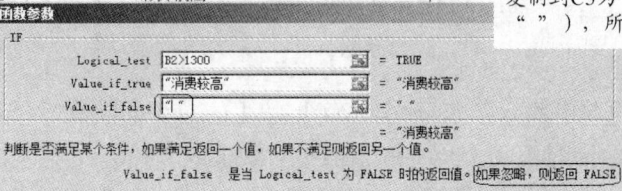

图 3-17　IF 函数

注意：不能包括B1；并且下拉过程中B2:B16不能变

图 3-18　COUNTIF 函数

（5）SUMIF（Range,Criteria,Sum_range）条件求和函数。

功能：在 Range（条件数据区）查找满足 Criteria（条件）的单元格，计算满足条件的单元格对应于 Sum_range（求和数据区）满足条件的单元格中数据的累加和。

图 3-19 所示的是计算所有男性职工基本工资之和并存入 B10 单元格中。

一定要注意 Range 和 Sum_range 的区别，Range 是条件的范围，Sum_range 才是基本工资的范围。

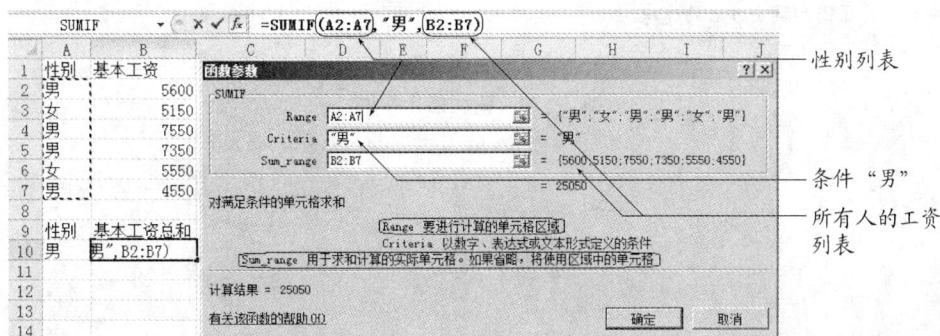

图 3-19　SUMIF 函数

（6）AVERAGE（Number1,Number2,…）：平均值函数，求各参数的算术平均值。

（7）MAX（Number1,Number2,…）：最大值函数，求各参数中的最大值。

（8）MIN（Number1,Number2,…）：最小值函数，求各参数中的最小值。

（9）COUNT（Value1,Value2,…）：计算区域中包含数字的单元格的个数。

（10）COUNTA（Value1,Value2,…）：计算区域中非空单元格的个数。一般情况下统计单元格个数使用 COUNTA 函数，而不是 COUNT 函数。

3. 错误信息

单元格输入公式后，有时会出现诸如 #VALUE!、#DIV/0! 等错误信息。错误信息如表 3-2 所示。

表 3-2 错误信息表

错误值	出现原因	举例
#####!	宽度不够	
#VALUE!	不正确的参数或运算符	="b"+4
#DIV/0!	被除数为 0	=B4/0
#N/A	引用了无法使用的数值	=RANK（,A1:A3），缺少第一个参数
#REF!	引用无效单元格	引用的单元格被删除
#NUM!	数据类型不正确	=sqrt（-16）
#NULL!	交集为空	=sum（A1:A13　c12:c23）
#NAME?	不能识别的函数名	=sun（A1:A13）

查找及修改函数错误的方法,如图 3－20 所示。

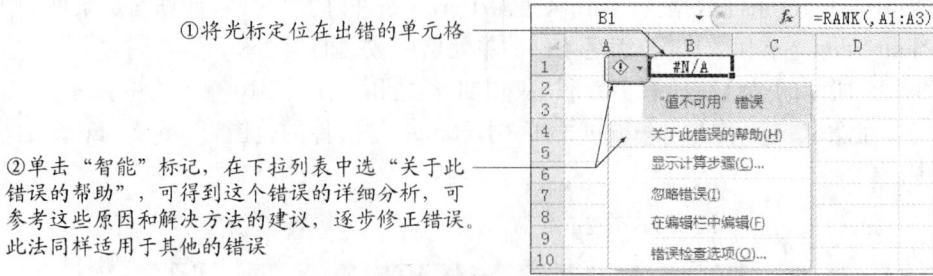

①将光标定位在出错的单元格

②单击"智能"标记,在下拉列表中选"关于此错误的帮助",可得到这个错误的详细分析,可参考这些原因和解决方法的建议,逐步修正错误。此法同样适用于其他的错误

图 3－20　错误信息帮助

3.4　图表

3.4.1　创建图表

常见图表的类型有柱形图、条形图、折线图、饼图、面积图、XY 散点图、圆环图、股价图、圆柱图、圆锥图和棱锥图等,每种类型的图表又有多种形状供用户选择。

1. 创建图表

创建图表的方法如图 3－21 所示。

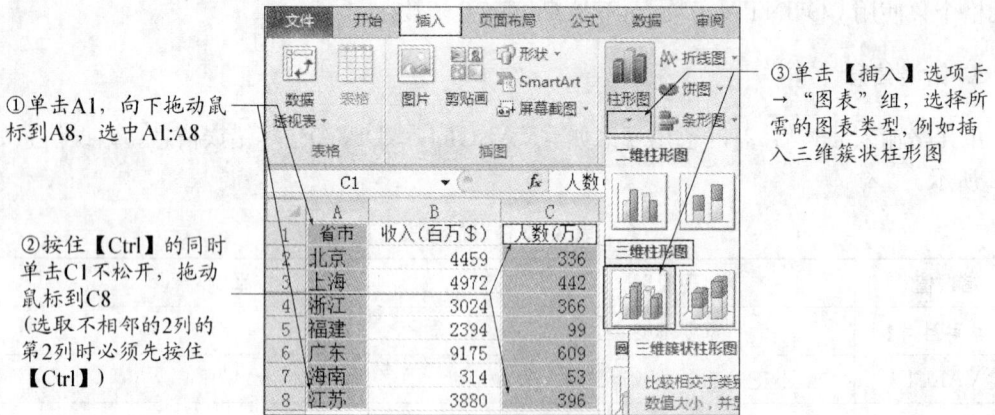

①单击A1,向下拖动鼠标到A8,选中A1:A8

②按住【Ctrl】的同时单击C1不松开,拖动鼠标到C8
(选取不相邻的2列的第2列时必须先按住【Ctrl】)

③单击【插入】选项卡→"图表"组,选择所需的图表类型,例如插入三维簇状柱形图

	A	B	C
1	省市	收入(百万$)	人数(万)
2	北京	4459	336
3	上海	4972	442
4	浙江	3024	366
5	福建	2394	99
6	广东	9175	609
7	海南	314	53
8	江苏	3880	396

图 3－21　创建图表

2. 图表位置

按照插入位置的不同可以将图表分为两类:一类是插入式(又称嵌入式)图表,即图表插入在当前数据所在的工作表中;另一类是独立图表,即图表作为一张新工作表插在工作簿中。可在【图表工具】选项卡→【设计】功能区→【移动图表位置】,打开相应对话框设置图表位置。

插入式图表一般还要求插入到具体的单元格区域内,例如要求将图表插入到 A10:E24 单元格区域内，操作方法如图 3 - 22 所示。

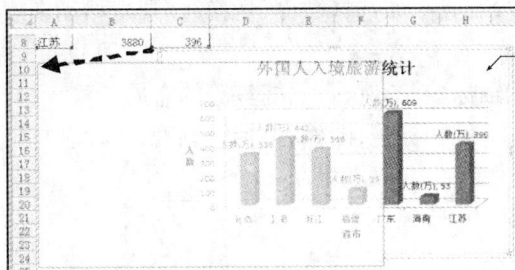

（a）调整图表位置

选中图表(出现双线边框)，鼠标指向图表边缘空白处（不要有涉及相关图表设置的选项出现），按住鼠标左键，拖动图表（出现虚框），使图表左上角与A10左上角对齐，效果如图3-22(b)所示

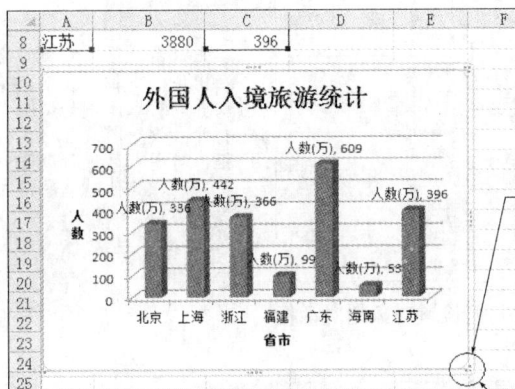

（缩放图表）鼠标指向图表右下角，当鼠标形状变为斜向双向箭头时，拖动该控点到E24单元格的右下角

（b）调整图表大小

图 3 - 22　调整嵌入式图表位置和大小

3.4.2　编辑图表

当选中图表时，菜单栏上自动增加【图表工具】选项卡，如图 3 - 23 所示，包含【设计】、【布局】、【格式】三个功能区，选用相应功能区中的命令，可以完成图表图形颜色、图表位置、图表标题、图例位置、图表背景墙等的设计和布局，以及颜色的填充等格式的设计。

图 3 - 23　图表工具

图表的主要界面如图 3 - 24 所示。

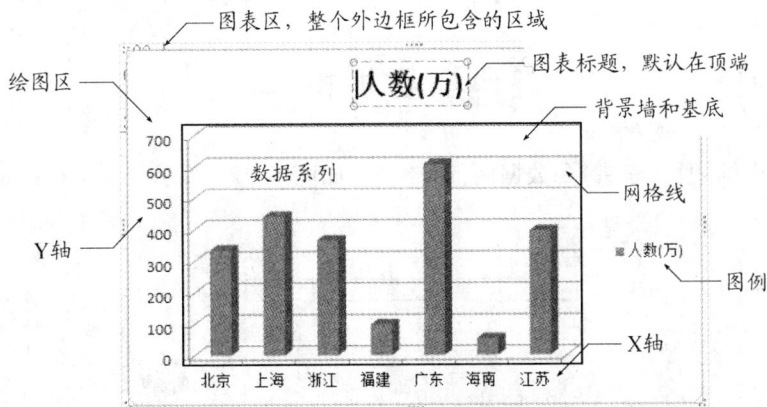

图 3 - 24　图表的构成

三个功能区的主要功能介绍如下。

（1）设计功能区：更改图表类型，修改数据源（如选择数据、切换行/列），移动图表（比如图表的位置由嵌入式改为独立）等。

（2）布局功能区：完成图表标题、坐标轴标题、图例、数据标签等的布局。

（3）格式功能区：可以对图表上的对象，例如标题、图例、坐标轴刻度、坐标轴标题、数据系列、网格线、背景墙等单独进行格式设置。

打开各对象的设置对话框的方法如图 3-25 所示。

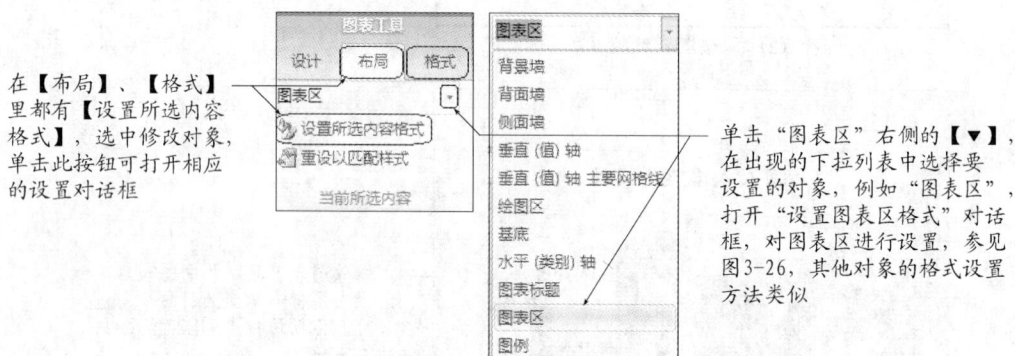

图 3-25　打开设置对象的对话框

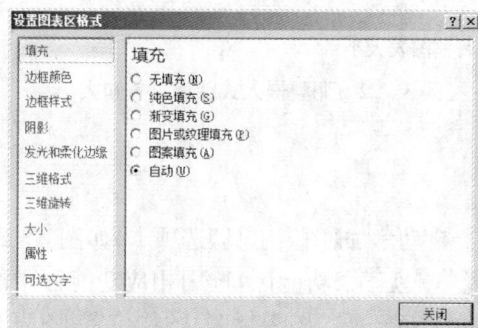

图 3-26　"设置图表区格式"对话框

3.5　数据操作

数据清单由标题行（表头）和数据两部分组成，如图 3-27 所示。本节介绍的操作对象都是数据清单。

图 3-27　数据清单

3.5.1　排序

排序按照一定的规则对数据进行重新排列,便于浏览或为进一步处理数据做前期准备工作,例如进行分类汇总之前要先按分类字段对数据进行排序。

1. 对单个关键字的排序

这种方法只能对一个关键字进行排序,操作方法如下:

(1) 将光标定位在待排序的一列数据区中的任意单元格。

(2) 选【数据】选项卡→"排序和筛选"组→【升序】/【降序】。也可以在【开始】选项卡→"编辑"组→【排序和筛选】的列表中选【升序】/【降序】命令。

2. 对多个关键字的排序

这种方法能对多个关键字进行排序。

以图 3-27 中的数据清单为例,先按主要关键字"班级"升序排序,"班级"相同的按次要关键字"总分"降序排序,操作方法如下:

(1) 将光标定位在待排序的数据区中的任意单元格,如 A1(或选定排序单元格区域 A1:E6)。

(2) 选【数据】选项卡→"排序和筛选"组→【排序】(或者选【开始】选项卡→"编辑"组→【排序和筛选】中的【自定义排序】)打开"排序"对话框,如图 3-28 所示。

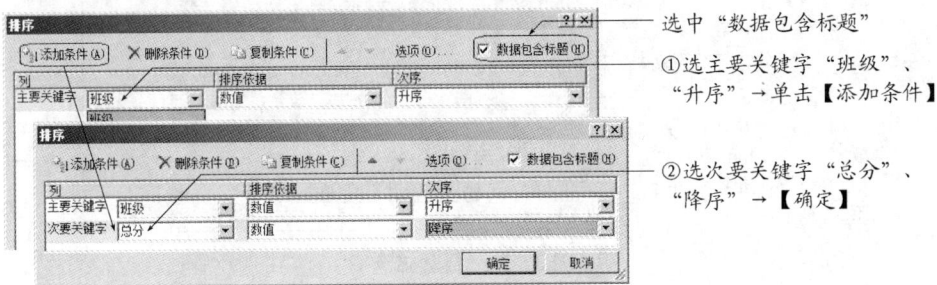

图 3-28　"排序"对话框

注意:系统将会自动选中数据区的第一行作为标题("排序"对话框中选项"数据包含标题"有效),此时在"排序"对话框的关键字框中出现的是各列的标题,操作比较直观。

如果只选数据区中的数据(即区域 A2:E15)而不选标题行,且取消"排序"对话框中的"数据包含标题"选项,此时在关键字框中出现的是各列的列标记,即"列 A"、"列 B"……只要正确选取排序的列标,效果也是相同的。

如果选中标题行,又取消"排序"对话框中的"数据包含标题"选项,则标题行也作为数据参与排序,这不是我们希望看到的。

排序结果如图 3-29 所示。

撤销排序的方法:单击窗口顶端的撤销按钮,或使用快捷键【Ctrl+Z】。

"班级"升序：
由于班级代号前6位
全相同，故按照末尾
的A、B升序排序

次要关键字"总分"降序：
班级相同的行分别再按照总
分从高到低排序

图 3-29　排序结果

3.5.2　筛选

数据筛选可以快速查找数据清单中具有特定条件的记录,筛选后只包含符合条件的记录,便于浏览。数据筛选并不删除数据,仅将不符合条件的记录隐藏。

1. 自动筛选

将光标定位在数据清单任意处,然后选择【开始】选项卡→"编辑"组→【排序和筛选】→【筛选】,或【数据】选项卡→"排序和筛选"组→【筛选】,此时数据区的各列标题右侧出现【▼】的下拉列表按钮,如图 3-30 所示。

如果筛选条件是在列
表中,比如筛选"高
数=65",可直接勾
选"65",并取消其
他的勾

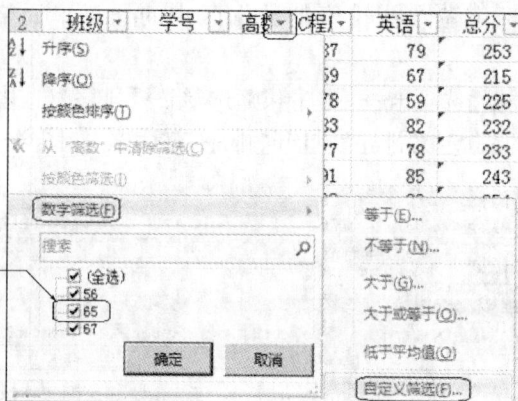

图 3-30　自动筛选

(1) 单字段筛选条件的设置。

简单的筛选的操作方法如图 3-30 所示。单击图 3-30 中【数字筛选】→【自定义筛选】,打开"自定义自动筛选方式"对话框如图 3-31 所示,可实现较为复杂的条件筛选。

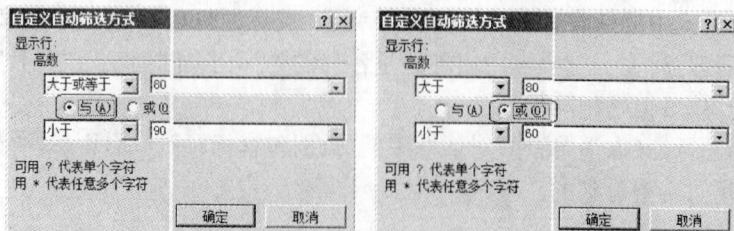

(a) 80≤高数<90　　　　(b) 高数<60或高数>80

图 3-31　同一字段的两个筛选条件的关系

"自定义自动筛选方式"对话框的设置方法:一列以内筛选条件最多可设置 2 个,2 个条件之间既可以是"与"关系也可以是"或"关系;列与列之间的条件必定是同时满足的关系即"与"关系。

"与"关系的设置:如果要筛选出"高数成绩大于等于 80 分同时小于 90 分"的学生,此条件可分解为"高数≥80"同时满足"高数<90",对话框的设置如图 3-31(a)所示。

"或"关系的设置:如果要筛选出"高数成绩大于 80 分或者高数成绩不及格"的学生,此条件可分解为"高数>80"或者"高数<60",对话框的设置如图 3-31(b)所示。

(2) 多字段筛选条件的设置。

涉及多个字段的筛选时,可以采用多次执行自动筛选的方式完成。但是多字段之间的筛选条件一定满足"与"(即同时满足)的关系。

例如"班级=机电 B"且"高数≥85"且"总分≥250 或总分<220",可以在"班级"列设置"班级=机电 B",在"高数"列设置"大于或等于 80",在"总分"列设置"大于或等于 250"或"小于 220",三列之间的条件一定是同时满足的关系。

如果要求各列之间的筛选条件满足"或"的关系,例如"班级=机电 B"或者"高数≥85",那么必须使用高级筛选。

(3) 取消自动筛选。

再次单击"排序和筛选"组→【筛选】,就会取消当前的筛选结果,恢复原数据行;单击"排序和筛选"组→【清除】,也可显示所有的行,这时标题行中的筛选按钮【▼】仍然保留,可以再次进行自动筛选操作。

2. 高级筛选

高级筛选主要用于多字段条件的筛选以及自动筛选不能实现的筛选。

以图 3-32 中"筛选出高数成绩小于 60 或英语成绩在 60(含 60)和 80(不含 80)之间的数据"为例,介绍高级筛选的操作方法如下。

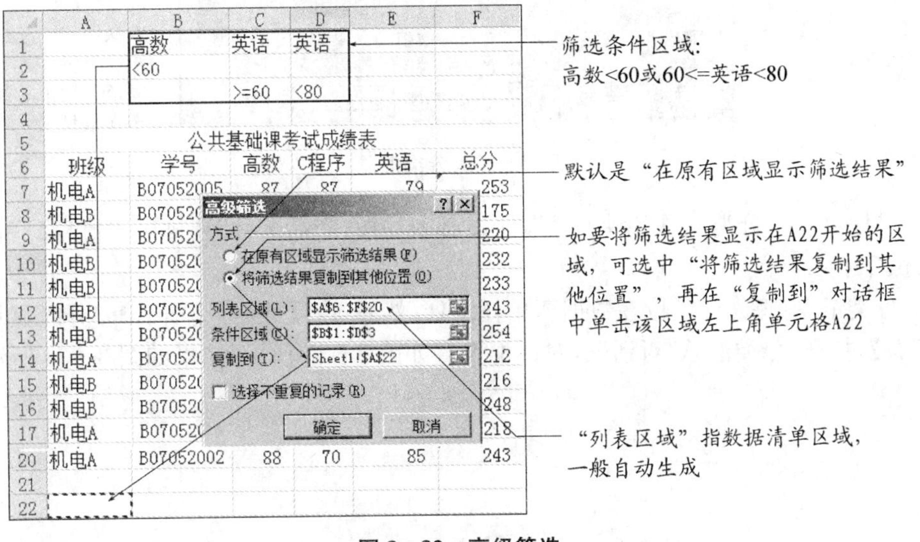

图 3-32　高级筛选

（1）必须先建立一个条件区域（参见图 3-25 中的单元格区域 B2:D3）。条件区域的第一行是所有作为筛选条件的字段名，这些字段名必须与数据清单中的字段名完全一致，最好用复制的方法生成。从第二行开始输入相关条件，"与"关系出现在同一行内（参见图 3-25 中条件>＝60 和<80），"或"关系不能出现在同一行内（参见图 3-32 中高数条件和英语条件分 2 行书写）。条件区域与数据清单不能连接，必须用空行隔开（参见图 3-32 中第 4 行的空白行）。

（2）光标定位在数据清单区，选【数据】选项卡→"排序和筛选"组→【高级】，打开"高级筛选"对话框，操作参见图 3-32。

（3）取消高级筛选的方法：选"排序和筛选"组→【清除】，将取消当前的筛选结果，恢复原数据行。

3.5.3 分类汇总

分类汇总能对数据清单中的内容进行分类，然后统计同类记录的相关信息，包括求和、计数、平均值、最大值、最小值等。分类汇总必须先分类，再汇总。分类操作通过对分类字段的排序来实现，所以分类汇总之前必须先排序。

以图 3-33 中分类汇总各种产品的销售总额为例，介绍操作方法如下。

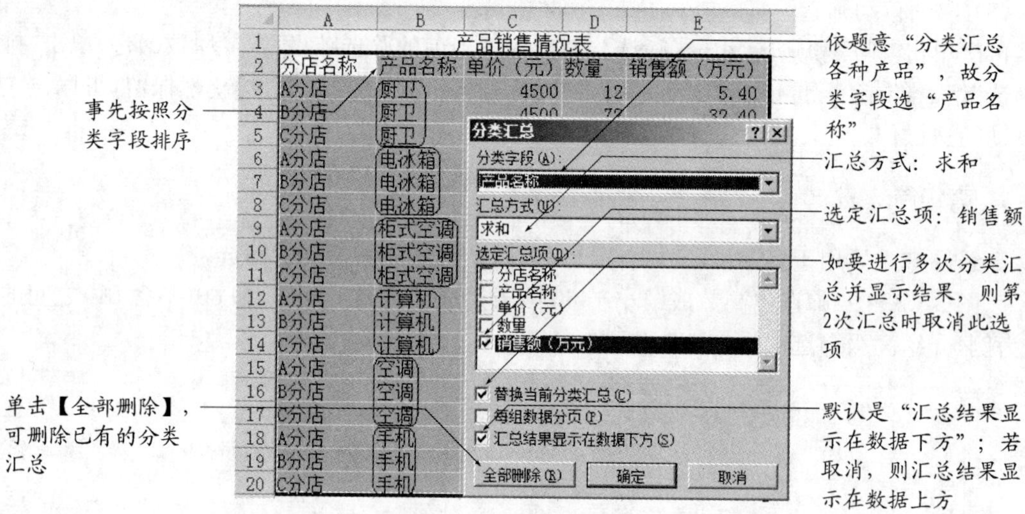

图 3-33　分类汇总

（1）排序：由于"分类汇总各种产品"，所以必须先按"产品名称"列排序，升序降序都可，默认为升序。

（2）分类汇总：将光标定位在数据清单任意处，然后选择【数据】选项卡→"分级显示"组→【分类汇总】，打开"分类汇总"对话框，对话框设置如图 3-33 所示，结果如图 3-34 所示。

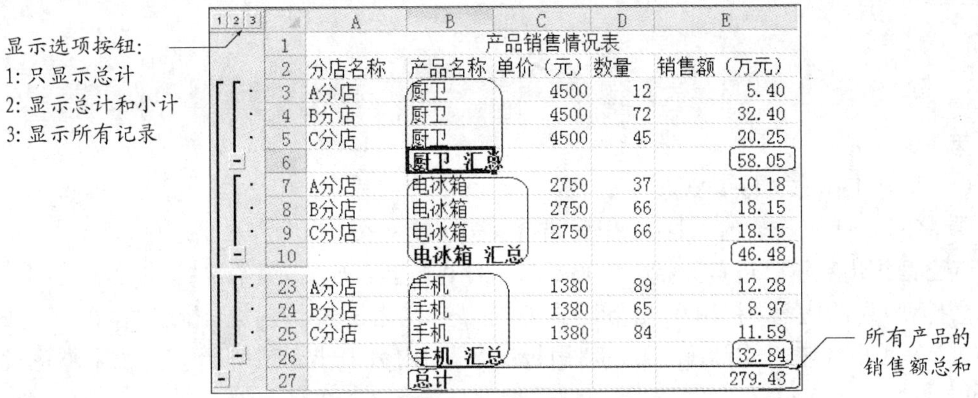

显示选项按钮:
1: 只显示总计
2: 显示总计和小计
3: 显示所有记录

所有产品的
销售额总和

图 3-34　汇总结果

3.5.4　数据透视表

数据透视表提供多维度数据的分析。

现以"对工作表 Sheet1 内数据清单的内容建立数据透视表,按行为'班级',列为'性别',数据为'高数'求和布局,并置于现工作表的 A17:D21 单元格区域"为例,介绍操作方法如下。

(1) 将光标定位在数据清单任意处,选【插入】选项卡→"表格"组→【数据透视表】,打开"创建数据透视表"对话框,操作如图 3-35、图 3-36 所示。

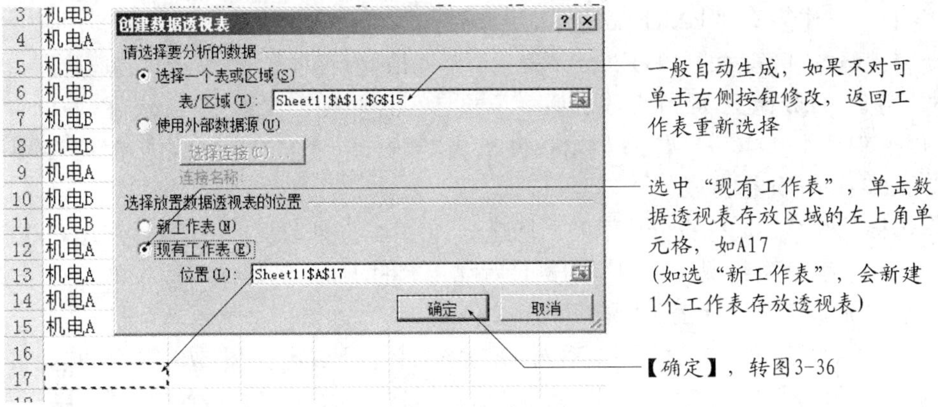

一般自动生成,如果不对可
单击右侧按钮修改,返回工
作表重新选择

选中"现有工作表",单击数
据透视表存放区域的左上角单
元格,如A17
(如选"新工作表",会新建
1个工作表存放透视表)

【确定】,转图3-36

图 3-35　创建数据透视表

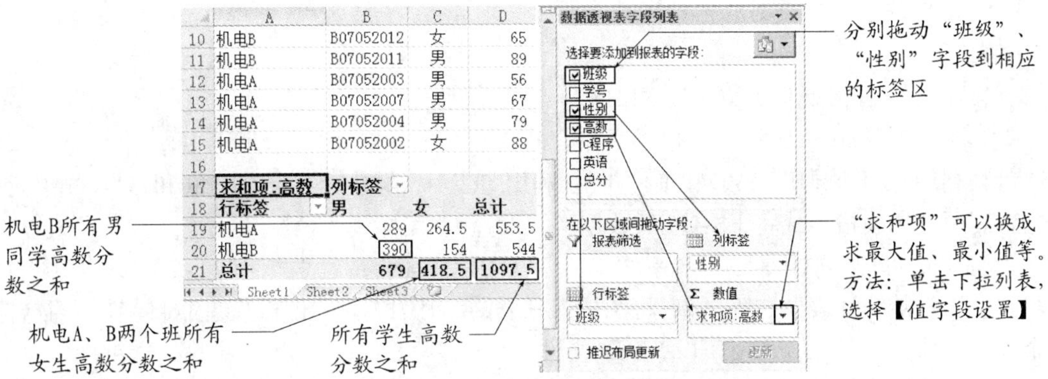

机电B所有男
同学高数分
数之和

机电A、B两个班所有
女生高数分数之和

所有学生高数
分数之和

分别拖动"班级"、
"性别"字段到相应
的标签区

"求和项"可以换成
求最大值、最小值等。
方法:单击下拉列表,
选择【值字段设置】

图 3-36　布局设置及结果

习　题

第 1 题

(1) 打开工作簿文件 EXCEL. XLSX。

① 将 sheet1 工作表的 A1:G1 单元格合并为一个单元格,内容水平居中;计算"已销售出数量"(已销售出数量＝进货数量－库存数量),计算"销售额(元)",给出"销售额排名"(按销售额降序排列)列的内容;利用单元格样式的"标题 2"修饰表的标题,利用"输出"修饰表的 A2:G14 单元格区域;利用条件格式将"销售排名"列内数值小于或等于 5 的数字颜色设置为"红色"。

② 选择"商品编号"和"销售额(元)"两列数据区域的内容建立"三维簇状柱形图",图表标题为"商品销售额统计图",图例位于底部,将图插入到表 A16:F32 单元格区域,将工作表命名为"商品销售情况表",保存 Excel 文件。

(2) 打开工作簿文件 EXC. XLSX,对工作表"'计算机动画技术'成绩单"内数据清单的内容进行自动筛选,条件是:计算机、信息、自动控制系,且总成绩 80 分及以上的数据。工作表名不变,保存 EXC. XLSX 工作簿。

第 2 题

(1) 打开工作簿文件 EXCEL. XLSX。

① 将 sheet1 工作表的 A1:E1 合并为一个单元格,内容水平居中;计算各职称所占教师总人数的百分比(百分比型,保留小数点后 2 位),计算各职称出国人数占该职称人数的百分比(百分比型,保留小数点后 2 位);利用条件格式"数据条"下的"蓝色数据条"渐变填充修饰 C3:C6 和 E3:E6单元格区域。

② 选择"职称"、"职称百分比"和"出国进修百分比"三列数据区域的内容,建立"簇状柱形图",图表标题为"师资情况统计图",图例位置靠上;将图插入到表 A8:E24 单元格区域,将工作表命名为"师资情况统计表",保存 Excel 文件。

(2) 打开工作簿文件 EXC. XLSX,对工作表"'计算机动画技术'成绩单"内数据清单的内容进行排序,条件是:主要关键字为"系别"、"升序",次要关键字为"考试成绩"、"降序"。工作表名不变,保存 EXC. XLSX 工作簿。

第 3 题

(1) 打开工作簿文件 EXCEL. XLSX。

① 将工作表 sheet1 的 A1:D1 单元格合并为一个单元格,内容水平居中,分别计算各部门的人数(利用 COUNTIF 函数)和平均年龄(利用 SUMIF 函数),置于 F4:F6 和 G4:G6 单元格区域,利用套用表格格式将 E3:G6 的数据区域设置为"表样式浅色 17"。

② 选取"部门"列(F3:F6)和"平均年龄"列(G3:G6)内容,建立"三维簇状条形图",图表标题为"平均年龄统计表",删除图例;将图插入到表的 A19:F35 单元格区域内,将工作表命名为"企业人员情况表",保存 EXCEL. XLSX 文件。

(2) 打开工作簿文件 EXC. XLSX,对工作表"图书销售情况表"内数据清单的内容进行自动方式筛选,条件是:各分部第一或第四季度,社科类或少儿类图书。对筛选后的数据清单按主要关键字"经销部门"的升序次序和次要关键字"销售额(元)"的降序次序进行排序。工作表名不变,保存 EXCEL 工作簿。

第 4 题

(1) 打开工作簿文件 EXCEL. XLSX。

① 将 sheet 工作簿的 A1:G1 单元格合并为一个单元格,内容水平居中;计算"总计"列和"专业总人数所占比例"列(百分比型,保留小数点后 2 位)的内容;利用条件格式的"绿、黄、红"色阶修饰表 G3:G10 单元格区域。

② 选择"专业"和"专业总人数所占比例"两列数据区域的内容,建立"分离型三维饼图",图表标题为"专业总人数所占比例统计图",图例位置靠左;将图插入到表 A12:G28 单元格区域。将工作表命名为"在校生专业情况统计表",保存 EXCEL. XLSX 文件。

(2) 打开工作簿文件 EXC. XLSX,对工作表"产品销售情况表"内数据清单的内容按主要关键字"分公司"的降序次序和次要关键字"季度"的升序次序进行排序,对排序后的数据进行高级筛选(在数据清单前插入 4 行,条件区域设在 A1:G3 单元格区域,请在对应字段列内输入条件,条件是:产品名称为"空调"或"电视"且销售额排名在前 20 名),工作表名不变,保存 EXC. XLSX 工作簿。

第**4**章
PowerPoint 2010

PowerPoint 2010 是 Office 2010 办公软件中使用范围非常广的一款软件,是微软公司推出的幻灯片制作和播放软件。它帮助用户以简单的可视化操作快速创建具有精美外观和极富有渲染力的演示文稿,帮助用户图文并茂地向公众表达自己的观点、传递信息、进行学术交流和展示新产品。PowerPoint 2010 在生活领域中得以广泛应用。

4.1 PowerPoint 基础

4.1.1 PowerPoint 的启动与退出

1. 启动 PowerPoint 的方法

(1) 选【开始】→【所有程序】→【Microsoft Office】→【Microsoft PowerPoint 2010】,出现 PowerPoint 窗口。

(2) 双击桌面 PowerPoint 2010 快捷图标。

(3) 在计算机资源管理器中找到演示文稿文件,双击该文件图标。这时打开了与文件关联的 PowerPoint 软件,同时也打开了该演示文稿。

方法(1)、(2)仅启动了 PowerPoint 2010 应用程序,方法(3) 不仅启动了 PowerPoint 软件,同时还打开了与之相关联的 PowerPoint 文件。

2. 退出 PowerPoint 的方法

可以单击软件窗口右上角的【╳】关闭按钮,或选【文件】→【退出】命令,操作方法与退出 Word 类似,可参见第 2.1 节。

4.1.2 PowerPoint 窗口介绍

1. 窗口组成

PowerPoint 2010 的窗口如图 4-1 所示,主要由标题栏、快速访问工具栏、选项卡、功能区、幻灯片窗格、幻灯片/大纲浏览窗格、视图按钮等组成。

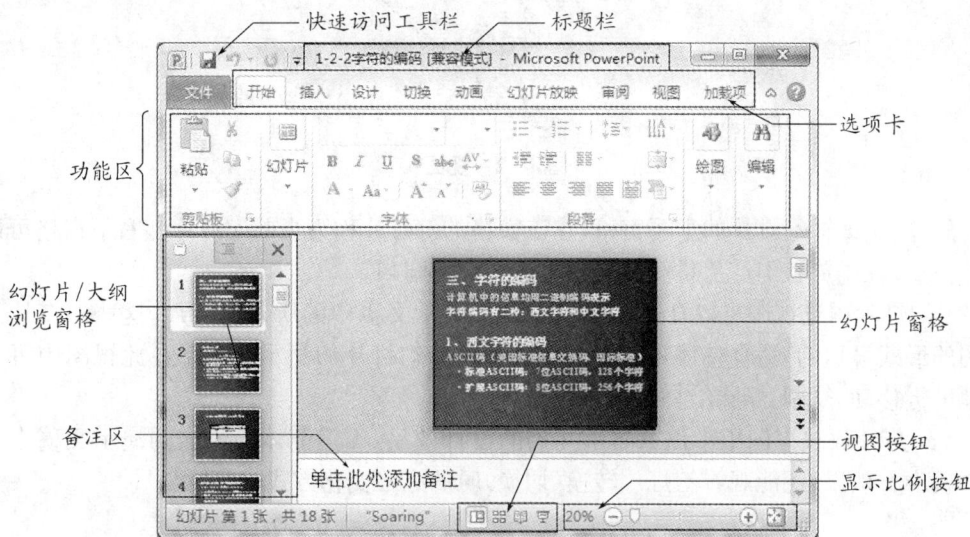

图 4-1　PowerPoint 窗口介绍

（1）标题栏：显示当前演示文稿文件的名称，右端有最小化、最大化/还原窗口、关闭按钮等。

（2）快速访问工具栏：包括常用的保存、撤销、恢复等按钮，单击恢复按钮右侧的【▼】，可以根据需要自定义快捷访问工具栏。

（3）选项卡和功能区：PowerPoint 2010 共有 9 个不同类别的选项卡，不同选项卡包含不同类别的命令按钮组。【文件】、【开始】和【插入】三个选项卡与 Word 中的非常类似。其他如【设计】、【切换】、【动画】和【幻灯片放映】等是 PowerPoint 中所特有的操作，将在下面各节中讲述。

（4）演示文稿编辑区：制作演示文稿主要在演示文稿编辑区内完成。

演示文稿编辑区由三个部分组成：

● 幻灯片/大纲浏览窗格。窗格上方有幻灯片和大纲两个选项卡。幻灯片选项卡显示各幻灯片的缩略图，如图 4-1 左侧显示为幻灯片状态。大纲选项卡可以显示各幻灯片标题与正文信息。

● 幻灯片窗格。该窗格显示幻灯片的全部内容，并可编辑幻灯片的文本、图片、表格、艺术字等内容。

● 备注窗格。对幻灯片的解释、说明等备注信息可在此窗格中进行编辑。

2. 视图种类

视图是当前演示文稿的显示方式。PowerPoint 有普通、幻灯片浏览、幻灯片放映、阅读、备注页和母版 6 种视图。视图按钮有 4 种，分别是普通视图、幻灯片浏览视图、阅读视图和幻灯片放映，如图 4-2 所示。

（1）普通视图是系统默认的视图，它由左、右、右下三个窗格组成，如图 4-1 所示。左侧窗格可选择大纲、幻灯片两种浏览形式，默认是幻灯片视图。右侧窗格是当前正在进行编辑修

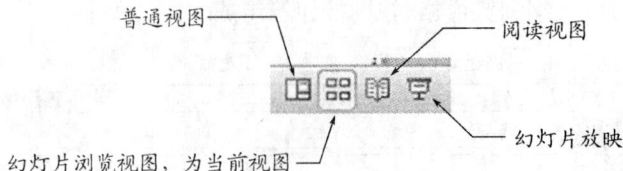

图 4 - 2　视图

改的幻灯片,是编辑幻灯片的主要窗格,在该窗格的幻灯片称为当前幻灯片。右下窗格可以添加备注信息,在浏览时幻灯片备注信息不出现在浏览窗口。

(2) 幻灯片浏览视图可以在屏幕上同时看到演示文稿中的所有幻灯片,这些幻灯片是以缩略图的形式显示的,适合整体观看演示文稿和安排幻灯片的演示顺序。在此视图中可非常方便地进行移动、复制、删除幻灯片等操作。

(3) 幻灯片放映视图用于预览演示文稿的设计效果,不但能体验添加到演示文稿中的任何动画或声音效果,还能观看幻灯片转换(切换)时的屏幕变化方式。

4.1.3　PowerPoint 的新建、打开与保存

1. 创建演示文稿

常用的方法有三种:

(1) 打开 PowerPoint 时就会自动创建一个演示文稿;

(2) 选择工具栏最左侧的新建按钮;

(3) 选【文件】选项卡→【新建】命令。这时在窗口上方中部出现"可用的模板和主题"和"Office. com 模板"子窗口,可根据需要选择不同的模板,单击右侧下方的【创建】创建演示文稿。

2. 打开已有的演示文稿

通常用两种方法:

(1) 在 PowerPoint 窗口中,选【文件】选项卡→【打开】,在"打开"对话框中选择要打开的文件→【打开】;

(2) 通过"计算机"找到要打开的演示文稿文件,双击该文件图标。

3. 保存演示文稿

(1) 以原文件名保存,选【文件】选项卡→【保存】或使用保存按钮;

(2) 新创建演示文稿或演示文稿要以另一个文件名保存,则选【文件】选项卡→【另存为】。演示文稿的新建、打开和保存的详细操作与 Word 文档类似,可参见第 2 章。

4.2　演示文稿的制作

4.2.1　插入、移动、复制和删除幻灯片

1. 选中幻灯片的方法

对演示文稿中的一张或多张幻灯片进行编辑修改时,首先需要将光标定位于该幻灯片或者选中该幻灯片,选中幻灯片常用的方法如下:

(1) 选中一张幻灯片,在普通视图下通过左侧的幻灯片/大纲浏览窗格找到该幻灯片,鼠标单击即可;

(2) 选中多张连续的幻灯片,先选中第 1 张幻灯片,在幻灯片/大纲浏览窗格中翻阅到需要选择的最后一张幻灯片,按住【Shift】键选中那张幻灯片;

(3) 选中多张不连续的幻灯片,先选中第 1 张幻灯片,按住【Ctrl】键依次选中其他幻灯片。

2. 插入新幻灯片

操作方法如下:

(1) 在幻灯片/大纲浏览窗格选择目标幻灯片,选【开始】选项卡→"幻灯片"组→【新建幻灯片】的右下角【▼】,在弹出的幻灯片版式中选择某一版式,即可在目标幻灯片之后插入一张新幻灯片。

(2) 在幻灯片/大纲浏览窗格选择目标幻灯片,右击选【新建幻灯片】,即可创建一张幻灯片。

3. 移动和复制幻灯片

操作方法如下:

(1) 选中需要移动(复制)的幻灯片,选【开始】选项卡→"剪贴板"组→【剪切】(【复制】),将光标定位到目标位置,右击,选【粘贴选项】中的合适选项。

(2) 用鼠标拖动的方式也能移动幻灯片,此方法比较适合移动位置较近(间隔幻灯片张数不多)的情况。鼠标拖动(按住【Ctrl】键的同时拖动则为复制)要移动或复制的幻灯片图标,此时会出现一条黑色横线,随着鼠标的上、下拖动而移动,当黑色横线移到目标位置时松开鼠标即可。

4. 删除幻灯片

操作方法:在"幻灯片/大纲浏览"窗格选择目标幻灯片,右击选【删除幻灯片】。

插入、移动(复制)、删除操作均可通过右击,选相应的快捷命令完成。通过【开始】选项卡的"幻灯片"组和"剪贴板"组,实现幻灯片的基本操作,如图 4-3 所示。

通过【开始】→"剪贴板"组可实现移动、复制、粘贴等操作

"幻灯片"组可实现新建幻灯片

在普通视图的左侧窗格内，在相应的幻灯片上右击，出现快捷菜单

对幻灯片进行新建、复制、删除等操作

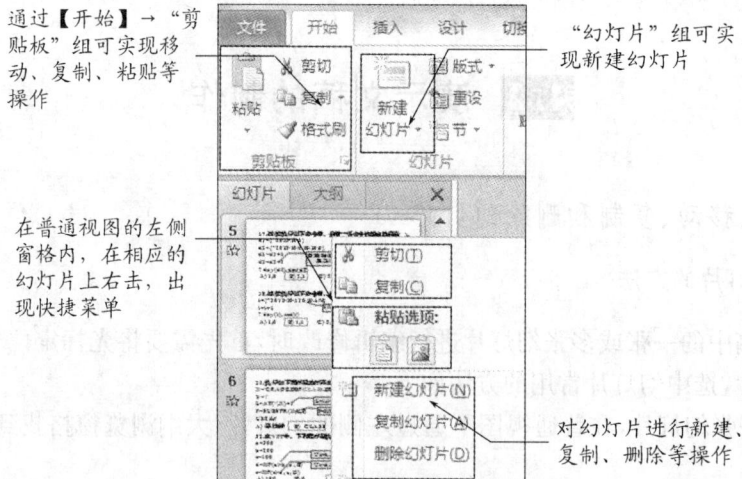

图 4-3 幻灯片插入、移动等基本操作

4.2.2 文本编辑

文本是幻灯片中最基本的表示手段。对文本的编辑如输入、删除、修改和美化等操作非常重要。

1. 在文本占位符中插入和修改文本

幻灯片具有不同的版式，不同的版式具有不同的占位符。文本占位符是预先安排的文本插入区域，可以输入文本，也可对文本占位符的大小、位置等进行修改，操作方法如图 4-4 所示。

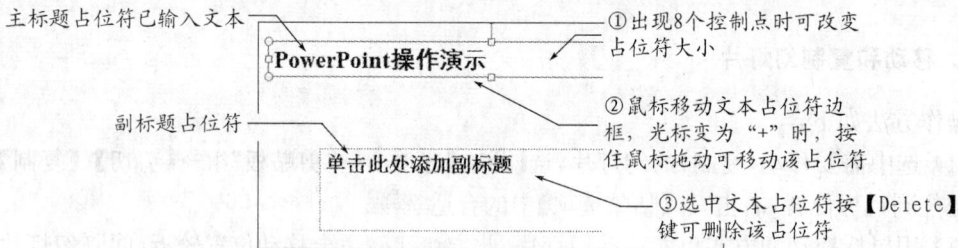

主标题占位符已输入文本

PowerPoint操作演示

副标题占位符

单击此处添加副标题

①出现8个控制点时可改变占位符大小

②鼠标移动文本占位符边框，光标变为"+"时，按住鼠标拖动可移动该占位符

③选中文本占位符按【Delete】键可删除该占位符

图 4-4 文本占位符操作

2. 使用文本框输入文本

如果要在幻灯片中添加占位符，以插入"横排文本框"为例，操作方法如图 4-5 所示。

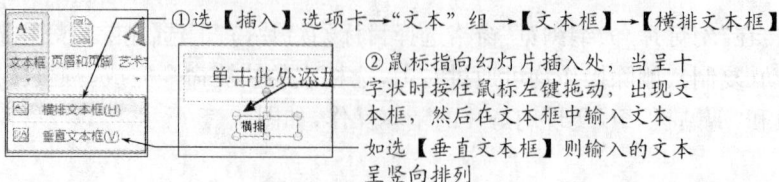

①选【插入】选项卡→"文本"组→【文本框】→【横排文本框】

单击此处添加

横排

②鼠标指向幻灯片插入处，当呈十字状时按住鼠标左键拖动，出现文本框，然后在文本框中输入文本

如选【垂直文本框】则输入的文本呈竖向排列

图 4-5 插入文本框

对文本框中的字体和段落的设置与对占位符文本的设置操作相同。

4.3　插入对象

为了使制作出来的演示文稿更吸引人,需要插入大量的图片、艺术字和已有的形状,使得文本更具有特色。使用图片也可以更直观地表达自己的观点。

4.3.1　插入剪贴画、图片

1. 在内容区占位符中插入剪贴画和图片

剪贴画是 Office 自带的一些基本图片,用户也可以自行下载剪贴画。图片一般是用户依据自己的需求创建或制作的。在内容区占位符处插入剪贴画和图片的操作如图 4-6 所示。

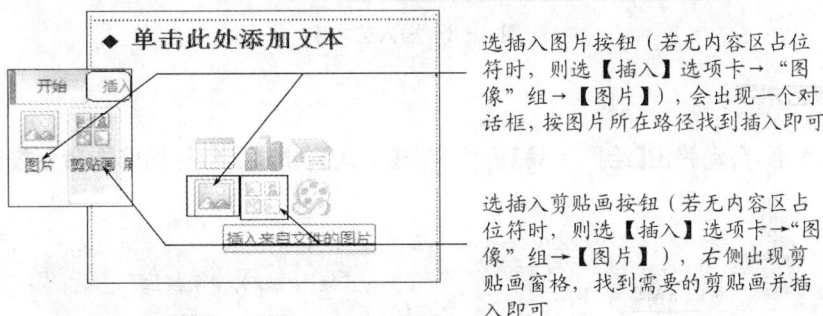

图 4-6　插入剪贴画和图片

2. 使用剪切(或复制)和粘贴图片

如果想使用同一个或另一个 PowerPoint 文件中的某一个幻灯片中的图片时,可以使用【开始】选项卡中"剪贴板"组或右键选快捷菜单中相应的命令实现。选中需要的图片,剪切或复制,鼠标定位到放置该图片的幻灯片上的合适位置,粘贴即可。

3. 修饰图片

图片插入到当前幻灯片后可能会出现大小、位置或效果不合适等情况,编辑方法如下:选中图片,出现【图片工具】选项卡→【格式】功能区,对图片的位置、大小、效果等进行修饰的常见命令按钮如图 4-7 所示。

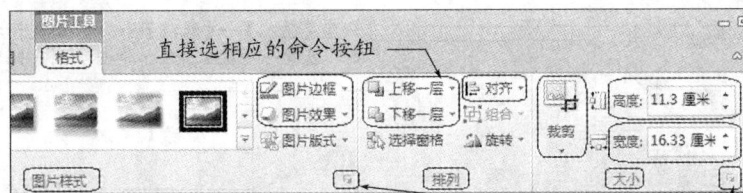

图 4-7　图片工具中的【格式】功能区

4.3.2 插入艺术字

艺术字的主要作用是对文本进行艺术化处理,使文本具有特殊的艺术效果。艺术字具有美观、突出、醒目等特点,适量使用艺术字可以增强文本的显示效果。

1. 创建艺术字

插入艺术字的操作如图 4-8 所示。

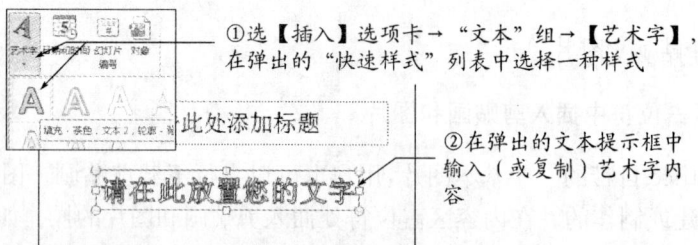

①选【插入】选项卡→"文本"组→【艺术字】,在弹出的"快速样式"列表中选择一种样式

②在弹出的文本提示框中输入(或复制)艺术字内容

图 4-8　插入艺术字

2. 修饰艺术字

选中艺术字,自动弹出【绘图工具】选项卡→【格式】功能区,常见的修饰命令按钮如图4-9所示。

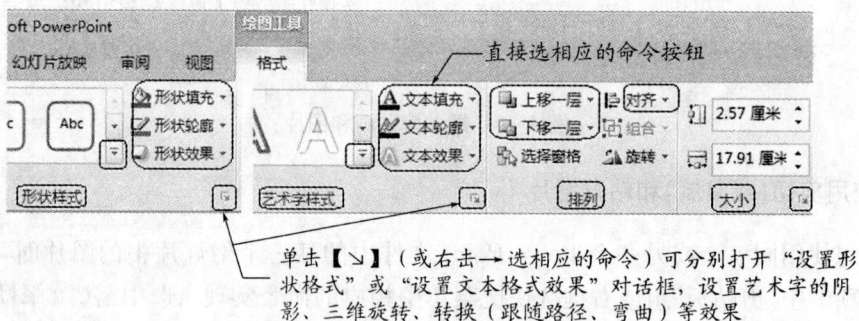

直接选相应的命令按钮

单击【↘】(或右击→选相应的命令)可分别打开"设置形状格式"或"设置文本格式效果"对话框,设置艺术字的阴影、三维旋转、转换(跟随路径、弯曲)等效果

图 4-9　修饰艺术字

4.3.3 插入形状

形状是系统提供的一组基础图形,包括线条、矩形、基本形状、箭头总汇等。在制作演示文稿时用户可以根据需求直接使用或是添加后稍作修改表达个人的观点。插入形状的操作方法如图 4-10 所示。

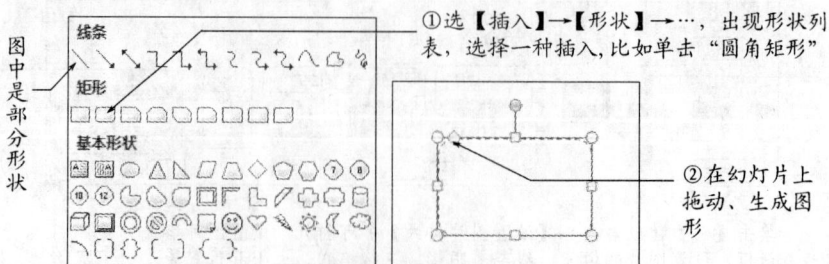

图中是部分形状

①选【插入】→【形状】→…,出现形状列表,选择一种插入,比如单击"圆角矩形"

②在幻灯片上拖动、生成图形

图 4-10　形状

设置形状的线条、填充、位置等均可参考图片的相应设置。

4.3.4　插入表格

在幻灯片中除了插入文本、图片、形状和艺术字外,也可以插入表格。

1. 创建表格

(1) 在具有内容区的幻灯片版式中,插入表格的操作方法如图 4－11 所示。

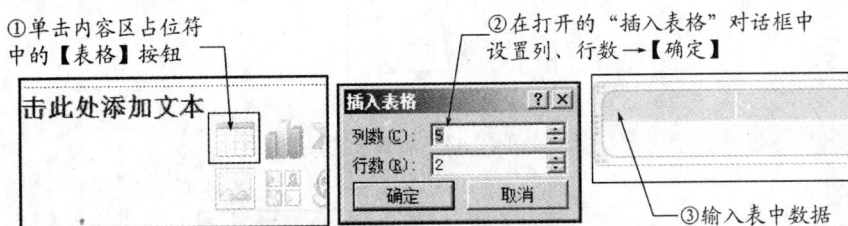

图 4－11　创建表格

(2) 用【插入】选项卡→"表格"组→【表格】按钮,打开"插入表格"对话框,操作参见图 4－11 中的步骤②、③。

2. 修饰表格

当选中表格时,将出现【表格工具】选项卡,可以设置表格的行高、列宽、底纹、边框等格式,如图 4－12 所示。

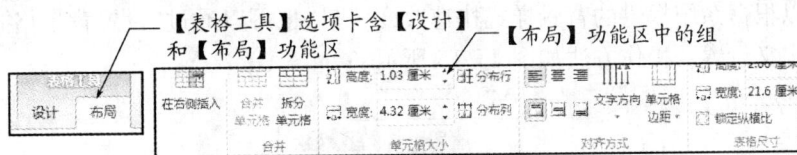

图 4－12　表格修饰命令

4.4　幻灯片的设置

4.4.1　幻灯片的版式、主题和背景设置

1. 设置版式

设置幻灯片版式有两种,操作方法如图 4－13 所示。

2. 设置主题

通过变换不同的主题使幻灯片的版式和背景发生显著的改变。PowerPoint 提供了 40 多种内置主题。设置主题的方法如图 4－14 所示。

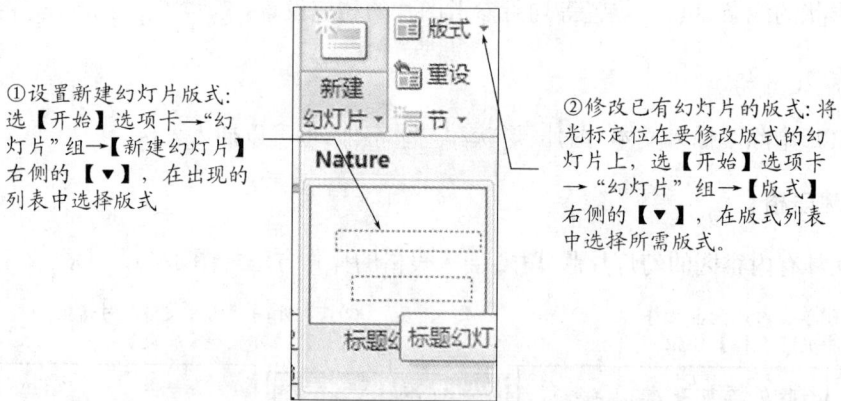

①设置新建幻灯片版式：选【开始】选项卡→"幻灯片"组→【新建幻灯片】右侧的【▼】，在出现的列表中选择版式

②修改已有幻灯片的版式：将光标定位在要修改版式的幻灯片上，选【开始】选项卡→"幻灯片"组→【版式】右侧的【▼】，在版式列表中选择所需版式。

图 4-13　版式设置

将光标定位在任意幻灯片上，选【设计】选项卡→"主题"组，单击所需主题

单击【其他】，可在"所有主题"列表中选择更多主题

图 4-14　主题设置

说明：在一个演示文稿中只能设置一种主题。

3. 设置背景

用户可以根据系统提供的背景样式快速改变背景，也可以通过"设置背景格式"对话框对背景进行自定义设置。操作方法如图 4-15 所示。

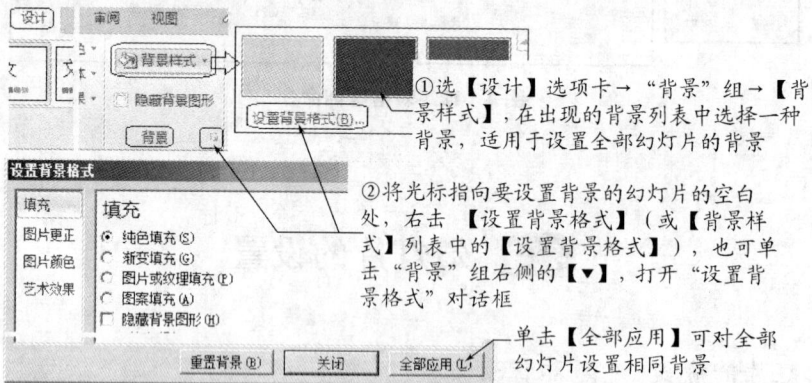

①选【设计】选项卡→"背景"组→【背景样式】，在出现的背景列表中选择一种背景，适用于设置全部幻灯片的背景

②将光标指向要设置背景的幻灯片的空白处，右击【设置背景格式】（或【背景样式】列表中的【设置背景格式】），也可单击"背景"组右侧的【▼】，打开"设置背景格式"对话框

单击【全部应用】可对全部幻灯片设置相同背景

图 4-15　背景设置

4.4.2　幻灯片的切换效果

幻灯片的切换效果是指放映幻灯片时离开当前换灯片、进入下一个幻灯片时的视觉效果。

1. 设置切换样式

设置切换样式的操作方法:将光标定位在要设置切换样式的幻灯片上,操作如图 4 - 16 所示。选【切换】选项卡→"切换到此幻灯片"组,选择切换样式。

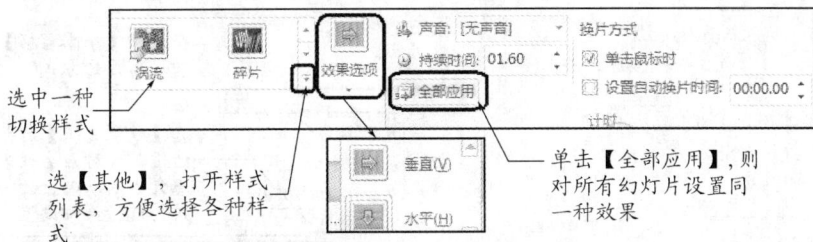

图 4 - 16　切换样式和效果的设置

2. 设置切换效果

选择幻灯片切换样式后,切换效果可能会过于单一,为了丰富效果,可以设置幻灯片的效果选项、声音效果、持续时间及单击鼠标切换等属性。

不同的幻灯片的切换样式,对应不同的切换效果选项的内容。图 4 - 16 中所示的切换样式为百叶窗时,切换效果选项有垂直和水平两种。

4.4.3　幻灯片动画设置

幻灯片的动画设置可以使得幻灯片的内容以丰富多彩的活动方式展示出来,让幻灯片中的对象以不同的进入、退出方式展现,还可以让幻灯片中的各个对象以不同的顺序出现。可以突出幻灯片重点,增强动画效果,更有条理地展现观点。

1. 设置对象的动画

PowerPoint 提供了四类动画:进入、强调、退出和动作路径。

设置动画的操作方法如图 4 - 17 所示。

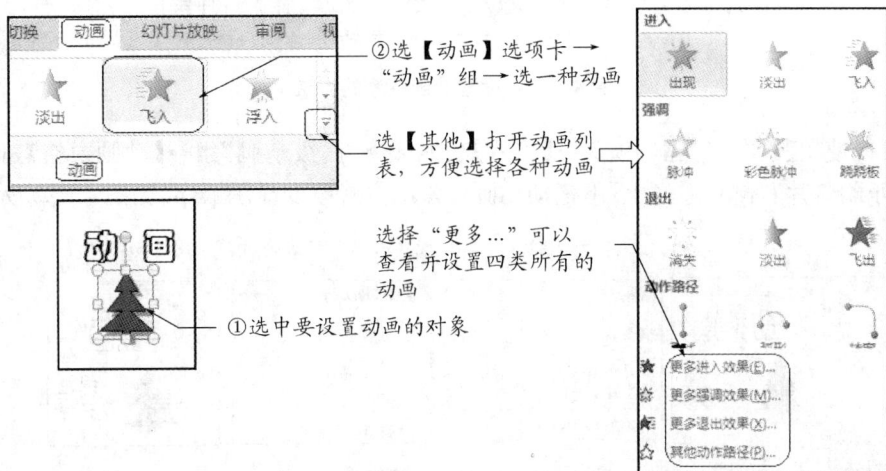

图 4 - 17　动画的设置

2. 设置动画效果

不同的动画,对应不同的动画效果选项。图 4-18 为"飞入"动画对应的动画效果选项。还可以对动画开始方式、动画声音效果、触发方式等进行设置。

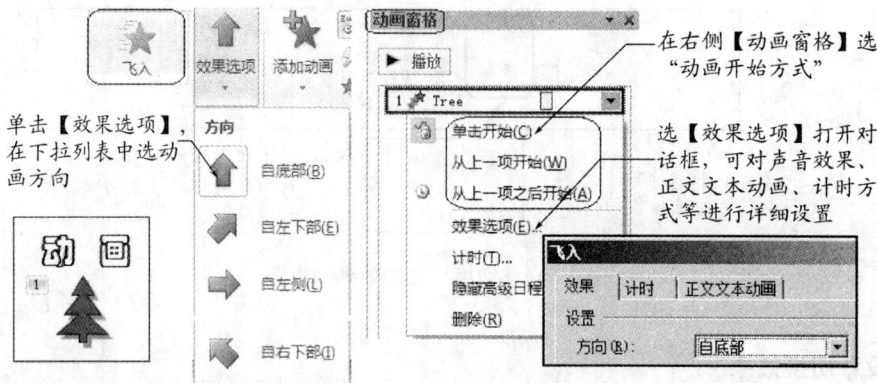

图 4-18 动画效果设置

3. 设置动画顺序

一张幻灯片上往往有多个对象,设计时不希望所有对象同时展现出来,而希望以一定的顺序如先标题后文本、先图片后文字等方式依次展示,这就需要设置动画的顺序。

改变动画顺序的操作方法如图 4-19 所示。

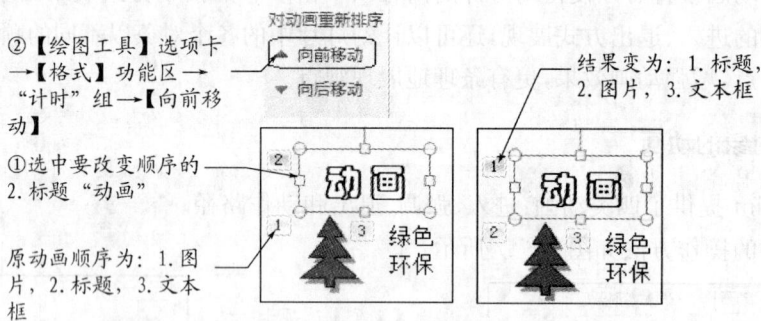

图 4-19 设置动画顺序的方法 1

也可以使用【绘图工具】选项卡→【格式】功能区→"高级动画"组→【动画窗格】,打开动画窗格(位于幻灯片右侧),通过上、下拖动动画对象的方式改变显示顺序,如图 4-20 所示。

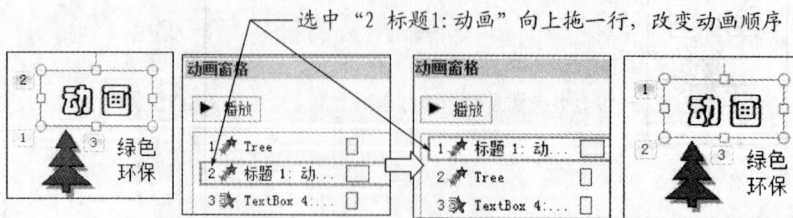

图 4-20 设置动画顺序的方法 2

4.4.4　幻灯片放映方式

1. 设置幻灯片的放映方式

幻灯片的放映方式有三种:演讲者放映(全屏幕)、观众自行浏览(窗口)和在展台浏览(全屏幕)。操作方法如图 4－21 所示。

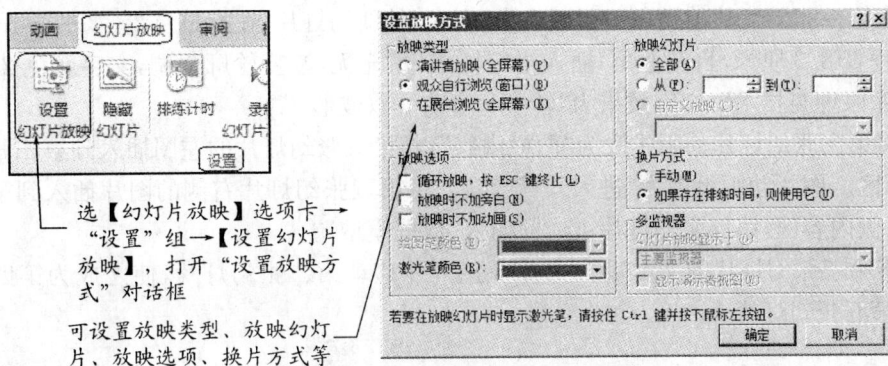

选【幻灯片放映】选项卡→"设置"组→【设置幻灯片放映】,打开"设置放映方式"对话框

可设置放映类型、放映幻灯片、放映选项、换片方式等

图 4－21　放映方式的设置

2. 播放幻灯片

为了展现演示文稿或查看所设置的效果,需要播放幻灯片。播放幻灯片的操作方法通常有两种,如图 4－22 所示。

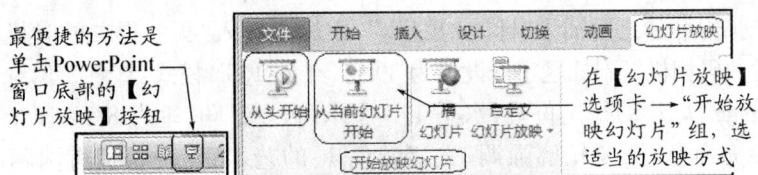

最便捷的方法是单击 PowerPoint 窗口底部的【幻灯片放映】按钮

在【幻灯片放映】选项卡→"开始放映幻灯片"组,选适当的放映方式

图 4－22　幻灯片的放映方式

习 题

第 1 题 打开"第 1 题.pptx",完成对演示文稿的如下修饰。

① 使用"极目远眺"主题修饰全文,将全部幻灯片的切换方案设置成"擦除",效果选项为"自顶部"。

② 在第一张幻灯片前插入一张版式为"空白"的新幻灯片,在指定位置(水平 5.3 厘米,自左上角;垂直 8.2 厘米,自左上角)插入指定样式(填充无,渐变轮廓强调,文字颜色 2)的艺术字"数据库原理与技术",文字效果为"转换—弯曲—双波形 2"。

③ 将第四张幻灯片的版式改为"两栏内容",将第五张幻灯片的左图插入到第四张幻灯片右侧内容区。图片动画设置为"进入"、"旋转"。将第五张幻灯片右侧的图片插入到第二张幻灯片的右侧内容区,第二张幻灯片主标题输入"数据模型"。

④ 将第三张幻灯片的文本设置为 35 磅字,并移动第二张幻灯片,使之成为第四张幻灯片,删除第五张幻灯片。

第 2 题 打开"第 2 题.pptx",完成对演示文稿的如下修饰。

① 使用"新闻纸"主题修饰全文,将全部幻灯片的切换方案设置成"门",效果选项为"水平"。

② 将第二张幻灯片版式改为"两栏内容",将考生文件夹下的图片文件 ppt1.jpg 插入到第二张幻灯片右侧内容区,图片动画设置为"进入"、"基本缩放",效果选项为"缩小",并插入备注"商务、教育专业投影机"。

③ 在第二张幻灯片之后插入"标题幻灯片",主标题键入"买一得二的时机成熟了",副标题键入"可获赠数码相机",副标题字号设置为 30 磅、红色(RGB 模式:红色 255,绿色 0,蓝色 0)。

④ 在第一张幻灯片的指定位置(水平 1.3 厘米,自左上角;垂直 8.24 厘米,自左上角)插入指定样式(填充白色,渐变轮廓强调,文字颜色 1)的艺术字"轻松拥有国际品牌的投影专家",艺术字宽度为 22.5 厘米,文字效果为"转换—跟随路径—下弯弧"。

第 3 题 打开"第 3 题.pptx",完成对演示文稿的如下修饰。

① 使用"奥斯汀"主题修饰全文,全部幻灯片切换效果为"闪光",放映方式为"在展台浏览"。

② 在第一张幻灯片前插入版式为"标题幻灯片"的新幻灯片,主标题输入"地球报告",副标题为"雨林在呻吟",主标题设置为"加粗"、红色(RGB 模式:红色 249,绿色 1,蓝色 0)。

③ 将第二张幻灯片版式改为"标题和竖排文字",文本动画设置为"空翻"。

④ 在第二张幻灯片后插入版式为"标题和内容"的新幻灯片,标题为"雨林——高效率的生态系统"(提示,"雨林"后字符为破折号),内容区插入 5 行 2 列表格,表格样式为"浅色样式 3",第一列的 5 行分别输入"位置"、"面积"、"植被"、"气候"和"降雨量",第二列的 5 行分别输入"位于非洲中部的刚果盆地,是非洲热带雨林的中心地带"、"与墨西哥国土面积相当"、"覆盖着广阔、葱绿的原始森林"、"气候常年潮湿,异常闷热"和"一小时降雨量就能达到 7 英寸"。

第 **5** 章
计算机信息基础知识

5.1 计算机与信息技术的发展

5.1.1 计算机的发展

1. 计算机的诞生

1946 年 2 月,美国宾夕法尼亚大学电子工程系教授约翰·莫奇莱(John Mauchly)和他的研究生普莱斯佩·埃克特(Presper Eckert)所领导的研制团队建成了通用数字电子计算机 ENIAC(Electrical Numerical Integrator And Computer,电子数字积分计算机,简称埃尼阿克)。ENIAC 的问世标志了计算机时代的到来,它的出现具有划时代的伟大意义。ENIAC 被广泛认为是世界上第一台现代意义上的计算机。

ENIAC 计算机包含 17 468 个真空电子管、70 000 个电阻、10 000 个电容、1 500 个继电器、6 000 个手动开关。它高 2.5 米,长 24 米,占地 167 平方米,重达 30 吨,消耗电功率为 160 千瓦,是一个不折不扣的"庞然大物"。

ENIAC 以电子管作为主要元件,一秒钟内能处理 5 000 次加法、357 次乘法或 38 次除法,计算速度是当时其他计算机的 1 000 倍。但是,更新程序则需花费技术人员很多的时间,大大降低了计算效率。

研制 ENIAC 的直接目的是为"二战"服务,1943 年 5 月美国国防部正式启动 ENIAC 研制计划,到 1946 年 2 月 ENIAC 研制成功时"二战"已经结束,但是 ENIAC 仍归军方使用,用于弹道轨迹、氢弹设计和天气预报的计算。

2. 冯·诺依曼机

1945 年春,美籍匈牙利数学家约翰·冯·诺依曼(John Von Neumann)也参与了 ENIAC 的研制。ENIAC 内部采用十进制,电子线路十分复杂。ENIAC 只将数据存放在机器的存储器中,而不将程序存储在机器中,一旦计算完成,要改变程序,必须重新调整和接通电路板之间的线路。这项工作不仅复杂而且耗时在 2 小时以上。冯·诺依曼来到了普林斯顿高级研究

院,开始研制自己的 EDVAC 机器,并对这台机器做了总结,主要内容有:

(1) 使用二进制。在计算机内部,程序和数据均采用二进制代码表示。

(2) 存储程序控制原理。程序和数据均存放在存储器中,这就是存储程序(Stored-Program)的概念。计算机在执行程序时,无须人工干预,能自动控制、顺序地执行指令,并得到预期的结果。

(3) 现代计算机的结构模型即五大基本结构。计算机应具有运算器、控制器、存储器、输入设备和输出设备五个基本功能部件。

冯·诺依曼的建议为以后电子计算机的设计指明了方向,被人们称为冯·诺依曼原理,并将符合冯·诺依曼原理的计算机称为冯·诺依曼机,冯·诺依曼也被称为"现代电子计算机之父"。

3. 计算机的发展

电子计算机的诞生是 20 世纪最伟大的发明创造之一。在短短的几十年中,计算机技术以前所未有的速度迅猛发展。

计算机采用的电子元器件经历了真空电子管、晶体管、中小规模集成电路、大规模和超大规模集成电路四个阶段的演变,研究计算机发展史的专家依据所使用的主要元器件将计算机划分为 4 代,如表 5-1 所示。

表 5-1　第 1～4 代计算机主要特点的对比

代别	部件			
	主要电子元器件	内存储器	外存储器	处理速度(每秒指令数)
第 1 代 (1946—1958)	电子管	汞延迟线	穿孔卡片 纸带	5 千～几万条
第 2 代 (1958—1964)	晶体管	磁芯存储器	磁带	几万～几十万条
第 3 代 (1964—1970)	中小规模集成电路	半导体存储器	磁带 磁盘	几十～几百万条
第 4 代 (1970 至今)	大规模、超大规模 集成电路	半导体存储器	磁带 磁盘 光盘	上千万～万亿条

4. 集成电路的发明和发展

集成电路以半导体单晶片为材料,经平面工艺加工制造,将大量电子元器件(晶体管、电阻、电容等)及其互连线构成的电子线路集成在基片上,构成微型化的电路或系统。集成电路使用的半导体材料主要是硅(Si),也可以是化合物半导体如砷化镓(GaAs)等。

单个集成电路中所包含的电子元器件的数量称为集成度,集成电路在发展过程中集成度越来越高,按照集成度可将集成电路分为 4 类,参见表 5-2。

表 5 - 2　集成电路按集成度分类

类别	缩写符	集成度
小规模集成电路	SSI	小于 100
中规模集成电路	MSI	100～3 000
大规模集成电路	LSI	3 000～10 万
超大规模集成电路	VLSI 或 SLSI	10 万～100 万
极大规模集成电路	ULSI	大于 100 万

需要说明的是,通常并不严格区分 VLSI 和 ULSI,而是统称为 VLSI。

集成电路的特点是体积小、重量轻、可靠性高。集成电路的工作速度主要取决于晶体管的尺寸,尺寸越小速度就越快,因此人们一直在缩小晶体管尺寸上下工夫。随着工艺水平的提高和硅抛光片面积的增大,集成电路的集成度也越来越大。Intel 公司创始人之一摩尔(G. E. Moore)1965 年在论文中预测,单块集成电路的集成度平均每 18～24 个月翻一番,这就是有名的摩尔定理。论文发表后的 40 多年里,集成电路的集成度大体上就是按这个规律发展的。但是集成度不可能永远按照摩尔定律发展下去,当晶体管基本线条的线宽达到纳米(1 nm = 10^{-9}m)级时,晶体管接近其物理极限,将无法正常工作。

5.1.2　计算机的特点、用途和分类

1. 计算机的特点

(1) 高速、精确的运算能力。
(2) 不仅能进行数学、逻辑运算,而且能进行图、文、声音等多种信息的处理。
(3) 存储容量大,存取速度高。
(4) 网络与通信功能。
(5) 自动功能。

2. 计算机的用途

(1) 科学计算。

科学计算也称为数值计算。计算机问世之初,主要就是用于数值计算,现在数值计算仍然是计算机应用的重要方面,推进了许多科学研究的发展,例如著名的人类基因序列分析计划、人造卫星的轨道计算等。国家气象中心使用计算机,不但能够快速、及时地对气象卫星云图数据进行处理,而且可以根据对大量历史气象数据的计算进行天气预测报告。

(2) 数据处理。

数据处理也称为信息处理。计算机中的数据不仅包括“数”,还包括其他数据形式,如文字、图像、声音等。数据处理就是对这些数据进行输入、分类、存储、合并、整理、计算、报表、检索查询等。

数据处理是目前计算机应用最多的领域。例如,办公自动化 OA 是一个典型的数据处理应用。

（3）过程控制。

过程控制是指利用计算机对生产过程、制造过程或运行过程进行检测与控制，即通过实时监控目标对象的状态，及时调整被控对象，使被控对象能够正确地完成生产、制造或运行。

（4）计算机辅助。

计算机辅助是计算机应用的一个非常广泛的领域。几乎所有过去由人进行的具有设计性质的过程都可以由计算机帮助实现部分或全部工作。

计算机辅助也称为计算机辅助工程(Computer Aided Engineering，CAE)，主要包括：计算机辅助设计(Computer Aided Design，CAD)，计算机辅助制造(Computer Aided Manufacturing，CAM)，计算机辅助教学(Computer Aided Instruction，CAI)，计算机辅助技术(Computer Aided Technology，CAT)，计算机仿真(Computer Simulation)等。

（5）网络与通信。

所谓计算机网络，是将地理位置分散的计算机用通信线路和设备连接起来构成的巨大的计算机网络系统，可实现资源共享和相互通信。通过计算机网络和通信，使得不同地域的人们可以互通信息、共享资源。

（6）人工智能。

人工智能(Artificial Intelligence，简称 AI)，是利用计算机模拟人类的某些智力活动，其主要研究内容包括自然语言理解、专家系统、机器人以及定理自动证明等。

3. 计算机分类

计算机分类方法众多，按照处理数据的形态可以分为数字计算机、模拟计算机和混合计算机。按照使用范围分类可以分为通用计算机和专用计算机。按照内部逻辑结构分类，可以分为 16 位计算机、32 位计算机、64 位计算机等。目前 64 位计算机已经被广泛应用。

如果按性能、用途进行分类，可分为巨型机、大型机、微型机、工作站和服务器等类型。

巨型计算机：巨型计算机也称为超级计算机，采用大规模并行处理体系结构，由数以百计、千计甚至万计的 CPU 组成(例如，我国生产的曙光 5 000 A 巨型机，就包含 6 600 个 CPU，采用的 CPU 是 AMD 公司生产的 4 核微处理器)。巨型机有极强的运算处理能力，速度达到每秒数十万亿次以上，大都使用在军事、科研、气象预报、石油勘探、飞机设计、生物信息处理等领域。

大型计算机：大型计算机也采取并行处理体系结构，通常含有几十个甚至更多个 CPU，运算速度快、存储容量大、通信联网功能完善、可靠性高、安全性好、有丰富的系统软件和应用软件。一般用于为政府或企业的数据提供集中的存储、管理和处理，承担主服务器(企业级服务器)的功能，在信息系统中起核心作用。

微型计算机：也称为个人计算机(Personal Computer，简称 PC)或电脑。微型机又分为台式机、便携式电脑及单片机。

工作站：是一种特殊的微机，它们具有高速的运算能力和强大的图形处理能力，具有较强的信息处理能力和图形图像处理功能，主要应用于工程与产品设计。

服务器：是在计算机网络中承担提供信息浏览、电子邮件、数据库等服务功能的高性能计算机。

5.1.3　计算机的新技术和发展趋势

1. 计算机的新技术

在计算机领域不断地有新技术涌现，现将其中具有重要影响并将得到快速发展的新技术介绍如下。

（1）嵌入式技术。

嵌入式技术是将计算机作为一个信息处理部件，嵌入其他设备中的一种技术。这种嵌入其他设备中的计算机称为嵌入式计算机。嵌入式计算机将所有的部件（包括运算器、控制器、存储器、输入/输出控制与接口电路等）都集成在同一块超大规模集成电路芯片上，所以也称为单片机。同时它将软件（嵌入式操作系统以及特定的应用程序）固化集成到硬件系统中，将硬件系统与软件系统一体化。例如，各种家用电气如电冰箱、自动洗衣机、数字电视机、数码相机等广泛应用这种技术。

（2）网格计算。

网格计算是专门处理复杂科学计算的新型计算模式。这种计算模式利用互联网把分散在不同地理位置的电脑组织成一个"虚拟的超级计算机"，其中的每一台参与计算的计算机就是一个"结点"，而整个计算是由成千上万个结点组成的"一张网格"，所以这种计算方式称为网格计算。这样组织起来的"虚拟的超级计算机"具有超强的数据处理能力和充分利用网络上闲置处理能力的优势。

（3）中间件技术。

在 Internet 上，许多应用程序需要在网络环境的异构平台（硬件和操作系统）上运行。假设客户机是 PC，服务器是小型机，PC 上运行的是 Windows XP 操作系统，服务器上运行的是UNIX 操作系统。由于应用软件是在系统软件的基础上开发和运行的，如果某个应用软件是在 Windows 操作系统的基础上开发的，那么它在 UNIX 操作系统上不一定能运行，反之亦然。如何在网络环境的分布异构平台上开发和运行应用程序，人们提出了中间件（middleware）的概念。顾名思义，中间件是位于应用软件和平台之间的系统软件。它们作为应用软件与系统软件之间使用的标准化编程接口和协议，提供通用服务，起承上启下的作用，使应用软件的开发相对独立于平台，并且能在不同的平台上运行，实现相同的应用功能。如图 5 - 1 所示。

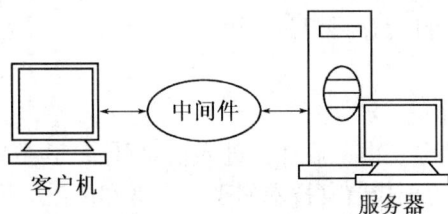

图 5 - 1　中间件技术

例如 Windows 操作系统自带的 ODBC（Open DataBase Connectivity）就是一种标准的数据库中间件，通过 ODBC 可以连接各种类型的数据库。

在 Internet 上，一种基于 Web 数据库的中间件技术开始得到广泛应用，如图 5 - 2 所示。在这种模式中，用户若要通过 Internet Explorer 访问数据库，首先访问请求被送给 Web 服务器,再被转送给中间件,最后送到数据库系统,得到结果后通过中间件、Web 服务器返回给浏览器。在这里中间件是 CGI(Common Gateway Interface,通用网关接口)、ASP(Active Server Page)或 JSP(Java Server Page)。

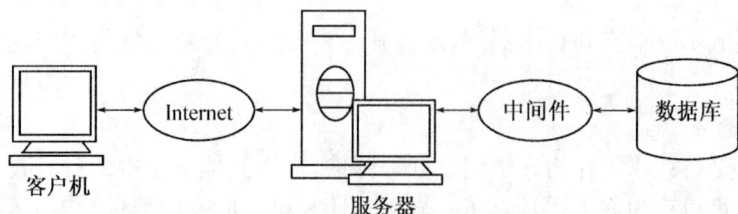

图 5-2　一种基于 Web 数据库的中间件

（4）云计算。

云计算(cloud computing)是基于互联网的相关服务的增加、使用和交付模式。美国国家标准与技术研究院将云计算定义为:云计算是一种按使用量付费的模式,这种模式提供可用的、便捷的、按需的网络访问,进入可配置的计算资源共享池(资源包括网络、服务器、存储、应用软件、服务),这些资源能够被快速提供,只需投入很少的管理工作,或与服务供应商进行很少的交互。

2. 未来计算机的发展趋势

计算机的发展趋势可以概括为:巨型化、微型化、网络化和智能化。

巨型化:指计算机的计算速度更快、存储容量更大、功能更完善。

微型化:指计算机的体积越来越小,更方便存放和携带。

网络化:指利用通信技术,把分布在不同地点的计算机互联起来,按照网络协议相互通信,以达到共享软件、硬件和数据资源的目的。

智能化:指让计算机具有模拟人的感觉和思维过程的能力。智能计算机具有解决问题和逻辑推理的功能,以及知识处理和知识库管理的功能等。人与计算机的联系是通过智能接口,用文字、声音、图像等与计算机自然对话。智能化的研究领域很多,其中最具代表性的领域是专家系统和机器人。

随着技术的发展,出现了新一代的计算机:模糊计算机、生物计算机、光子计算机、超导计算机和量子计算机等,读者可自行查阅相关书籍了解。

5.1.4　信息技术的发展

半个多世纪以来,人类社会正由工业社会进入信息社会,其主要动力就是以计算机技术、通信技术和控制技术为核心的现代信息技术的飞速发展和广泛应用。纵观人类社会发展史和科学技术史,信息技术在众多的科学技术群体中显示出越来越强大的生命力。随着科学技术的飞速发展,各种高新技术层出不穷,但是最主要的、发展最快的仍然是信息技术(Information Technology)。

信息技术指的是用来扩展人们信息器官功能、协助人们更有效地进行信息处理的一类技术。

自 20 世纪以来,现代信息技术取得了突飞猛进的发展,它在扩展人的信息器官功能方面已经取得了许多杰出的成就。例如雷达、卫星遥感等感测与识别技术使得人们的感知范围、感知精度和灵敏度大为提高；电话、电视、因特网等通信技术与光、电、磁等信息存储技术几乎消除了人们交流信息的空间和时间障碍。

围绕着信息技术的发展和应用，孕育形成了信息产业。信息产业指生产制造信息设备，以及利用这些设备进行信息采集、存储、传递、处理、制作与服务的所有行业与部门的总和。

我国政府高度重视信息化建设，于 2006 年发布了"国家信息化发展战略"。信息化是当今世界发展的大趋势，也是我国产业结构优化与升级、实现工业化与现代化、增强国际竞争力与提高综合国力的关键。

展望未来，在社会生产力发展、人类认识和实践活动的推动下，信息技术将得到更深、更广、更快的发展，其发展趋势可以概括为数字化、多媒体化、高速度、网络化、宽频带、智能化等。

1. 数字化

当信息被数字化并经由数字网络流通时，一个拥有无数可能性的全新世界便由此揭开序幕。大量信息可以被压缩，并以光速进行传输，数字传输的品质比模拟传输的品质要好得多。许多种信息形态能够被结合、被创造，例如多媒体文件。无论在世界哪个角落，都可以立即存储和取用信息。新的数字产品也将被制造出来，有的小巧得足以放进口袋里，有些则大得足以对商业和个人生活的各个层面都造成重大影响。

2. 多媒体化

随着未来信息技术的发展，多媒体技术将文字、声音、图形、图像、视频等信息媒体与计算机集成在一起，使计算机的应用由单纯的文字处理进入文、图、声、影集成处理。随着数字化技术的发展和成熟，以上每一种媒体都将被数字化并容纳进多媒体的集合里，系统将信息整合在人们的日常生活中，以接近于人类的工作方式和思考方式来设计与操作。

3. 高速度、网络化、宽频带

目前，几乎所有的国家都在进行最新一代的信息基础建设，即建设宽频高速公路。尽管今日的 Internet 已经能够传输多媒体信息，但仍然被认为是一条低容量频宽的网络路径，被形象地称为一条花园小径。下一代的 Internet 技术（Internet 2）的传输速率将可以达到 2.4 GB/s。实现宽频的多媒体网络是未来信息技术的发展趋势之一。

4. 智能化

直到今日，不仅是信息处理装置本身几乎没有智慧，作为传输信息的网络也几乎没有智能。对于大多数人而言，为了查找有限的信息，要在网络上耗费许多时间。随着未来信息技术向着智能化的方向发展，在超媒体的世界里，"软件代理"可以替人们在网络上漫游。"软件代理"不再需要浏览器，它本身就是信息的寻找器，它能够搜集任何想要在网络上获取的信息。

5.2 数据在计算机中的表示

5.2.1 数据的表示和单位

1. 数据存储的特点

计算机最基本的功能是对数据进行计算和加工处理,这些数据可以是数值、字符、图形、图像、声音和视频等。不管是什么样的数据,在计算机内部都是以二进制编码形式表示的。计算机内部采用二进制表示信息的主要原因有以下几点:

(1) 电路简单,易于物理实现。计算机是由逻辑电路组成,逻辑电路通常只有两种状态。这两种状态正好用来表示二进制的两个数码 0 和 1。

(2) 可靠性高。两个状态代表的两个数码在数字传输和处理中不容易出错,因而电路更加可靠。

(3) 运算简单。二进制运算法则简单。

2. 计算机中的信息单位

二进制只有两个数码 0 和 1,任何形式数据都要靠 0 和 1 来表示。为了能有效地表示和存储不同形式的数据,使用了下列不同的数据单位:

(1) 位(bit),又称"比特",是计算机存储数据、表示数据的最小单位。一个位用"0"或"1"表示。

(2) 字节(Byte)。一个字节由 8 位二进制数字组成(1Byte=8bit)。字节是计算机处理数据的基本单位,也是计算机体系结构的基本单位。

为了便于衡量存储器的大小,统一以字节(Byte,B)为单位。常用的字节换算如下。

K 字节:1 KB=1 024 B=2^{10} B

M 字节:1 MB=1 024 KB=2^{20} B

G 字节:1 GB=1 024 MB=2^{30} B

T 字节:1 TB=1 024 GB=2^{40} B

(3) 字长。计算机一次存取、加工和传送的字节数称为字长,有时也称为字。一个字长由若干字节组成。由于字长是计算机一次所能处理的实际位数的多少,它决定了计算机数据处理的速度,因而是衡量计算机性能的一个重要标志。字长越长,性能越强。

5.2.2 进位计数制

日常生活中,人们使用十进制进行计算和表示,而在计算机中所有的数据都是采用二进制表示的。但是为了书写和阅读上的方便,也经常将二进制数表示为八进制数和十六进制数。

1. 十进制

十进制具有以下特点:

（1）有十个不同的数码符号 0,1,2,3,4,5,6,7,8,9。数码的个数称为基数,即十进制数的基数为十。

（2）每一个数码符号根据它在这个数中所处的位置,按"逢十进一"的规则决定其实际数值,这就是权值（位权）的概念,各数位的权值（位权）是以基数 10 为底的幂。例如 819.18 这个数中,第一个 8 处于百位,代表八百,第二个数 1 处于十位,代表十,第三个数 9 处于个位,代表九,第四个数 1 处于十分位代表十分之一,而第五个数 8 处于百分位,代表百分之八。

（3）每个数可以按权值展开,例如,

$$819.18 = 8 \times 10^2 + 1 \times 10^1 + 9 \times 10^0 + 1 \times 10^{-1} + 8 \times 10^{-2}$$

（3）人们习惯使用十进制,所以在计算机中,一般用十进制数作为数据的输入和输出。

2. 二进制

在计算机内,信息是用二进制数表示的。二进制具有下列特点:

（1）有且仅有两个不同的数码符号 0,1,即基数为二。

（2）每个数码符号根据它在这个数中的数位,按"逢二进一"的规则来决定其实际数值,即权值是以基数 2 为底的幂。

（3）每个二进制数均可按权值展开。例如,二进制数 101 可以写成:$101 = 1 \times 2^2 + 0 \times 2^1 + 1 \times 2^0$。等号右边的计算结果是 5,即二进制数 101 的大小为十进制数 5。

3. 八进制

八进制具有如下特点:

（1）有八个不同的数码符号 0,1,2,3,4,5,6,7,即基数为八。

（2）每个数码符号根据它在这个数中的数位,按"逢八进一"来决定其实际的值,即权值是以基数 8 为底的幂。

（3）每个八进制数均可按权值展开。例如,

$$(123.24)_8 = 1 \times 8^2 + 2 \times 8^1 + 3 \times 8^0 + 2 \times 8^{-1} + 4 \times 8^{-2} = (83.3125)_{10}$$

4. 十六进制

十六进制具有如下特点:

（1）有十六个不同的数码符号 0,1,2,3,4,5,6,7,8,9,A,B,C,D,E,F,A～F 表示数字 10～15,即基数为十六。

（2）每个数码符号根据它在这个数中的数位,按"逢十六进一"来决定其实际的值,即权值是以基数 16 为底的幂。

（3）每个十六进制数均可按权值展开,例如,

$$(3AB.48)_{16} = 3 \times 16^2 + A \times 16^1 + B \times 16^0 + 4 \times 16^{-1} + 8 \times 16^{-2} = (939.28125)_{10}$$

十六进制也是计算机中常用的一种计数方法,它可以弥补二进制书写位数过长的不足。表 5-3 列出了 0～15 这 16 个十进制数与其他三种数制的对应表示。

表 5-3　四种计数制的对应表示

十进制	二进制	八进制	十六进制	十进制	二进制	八进制	十六进制
0	0000	0	0	8	1000	10	8
1	0001	1	1	9	1001	11	9
2	0010	2	2	10	1010	12	A
3	0011	3	3	11	1011	13	B
4	0100	4	4	12	1100	14	C
5	0101	5	5	13	1101	15	D
6	0110	6	6	14	1110	16	E
7	0111	7	7	15	1111	17	F

5. 数制的表示

数制的表示方法有很多种,常用的有:

(1) 下标法。用小括号将所表示的数括起来,然后在右括号外的右下角写上数制的基 R。

例:$(1011.11)_2$,$(674)_8$,$(290)_{10}$,$(23DF)_{16}$分别表示一个二进制数、八进制数、十进制数和十六进制数。

(2) 字母法。在所表示的数的末尾写上相应数制的字母。对应的进制与字母为:二进制 B、八进制 O 或 Q、十进制 D、十六进制 H。由于生活中常用的数制为十进制,因此,有时对于十进制数,可以省略其后的字母 D。

例:1011.11B,674O 或 674Q,290D 或 290,23DFH 分别表示一个二进制数、八进制数、十进制数和十六进制数。

5.2.3　二进制、八进制、十六进制和十进制的相互转换

1. R 进制转换为十进制的方法

从上一小节的讨论已知,要将 R 进制数转换成十进制数,只要将其按位权展开求和即可,即把二进制(或八进制或十六进制)数改写成 2(或 8 或 16)的各次幂之和的形式,然后计算其结果。举几个例子如下。

【例 5.1】　把下列二进制数转换成十进制数。
$$(1101.101)_2 = 1\times2^3 + 1\times2^2 + 0\times2^1 + 1\times2^0 + 1\times2^{-1} + 0\times2^{-2} + 1\times2^{-3}$$
$$= 8+4+0+1+0.5+0+0.125 = (13.625)_{10}$$

【例 5.2】　把下列八进制数转换成十进制数。
$$(456.124)_8 = 4\times8^2 + 5\times8^1 + 6\times8^0 + 1\times8^{-1} + 2\times8^{-2} + 4\times8^{-3}$$
$$= 256+40+6+0.125+0.03125+0.0078125$$
$$= (302.1640625)_{10}$$

【例 5.3】　把下列十六进制数转换成十进制数。
$$(32CF.48)_{16} = 3\times16^3 + 2\times16^2 + C\times16^1 + F\times16^0 + 4\times16^{-1} + 8\times16^{-2}$$

$$=12288+512+192+15+0.25+0.03125$$
$$=(13007.28125)_{10}$$

2. 将十进制整数转换为 R 进制整数

将十进制整数转换为 R 进制整数采用的是"除基取余法"，就是将十进制数不断地除以需转换的数制的基数，取出余数，直至商为 0，然后将每次相除得到的余数逆序排列（即第一个余数为最低位，最后一个余数为最高位），即得所求结果。将十进制数转换为二进制数，方法为"除二取余"法。

【例 5.4】　将十进制数 236 转换为二进制数。

2	2 3 6			低位
2	1 1 8	………	0	
	2 5 9	………	0	
	2 2 9	………	1	
	2 1 4	………	1	
	2 7	………	0	
	2 3	………	1	
	2 1	………	1	
	0	………	1	高位

即 $(236)_{10}=(11101100)_2$。

【例 5.5】　将十进制数 25 转换为八进制数。

8	2 5			低位
8	3	………	1	
	0	………	3	高位

即 $(25)_{10}=(31)_8$。

【例 5.6】　将十进制数 25 转换为十六进制数。

16	2 5			低位
16	1	………	9	
	0	………	1	高位

即 $(25)_{10}=(19)_{16}$。

3. 将十进制小数转换为 R 进制小数

将十进制小数转换为 R 进制小数采用的是"乘基取整法"，就是将十进制小数乘以需转换的数制的基数，取出整数部分，对剩余的小数部分继续乘基取整，直到小数部分值为 0（或达到要求的精度）为止，每次取出的整数部分顺序连接（即第一个整数为小数点后的最高位，最后一个整数为最低位），即得所求结果。如果将一个十进制小数转换为二进制小数，方法为"乘以二取整"法。

【例 5.7】　将十进制数 0.375 转换为二进制数。

$$
\begin{array}{r}
0.375 \\
\times \quad 2 \\
\hline
0.75 \qquad \cdots\cdots\cdots\cdots \quad 0 \\
\times \quad 2 \\
\hline
1.5 \qquad \cdots\cdots\cdots\cdots \quad 1 \\
\hline
0.5 \\
\times \quad 2 \\
\hline
1.0 \qquad \cdots\cdots\cdots\cdots \quad 1
\end{array}
$$

高位

低位

即 $(0.375)_{10} = (0.011)_2$。

以此类推,可以完成将 0.375 转化为八进制小数和十六进制小数。

必须注意的是,在有些情况下,十进制小数不能精确地转化为非十进制小数,如 0.33。那么,只能根据需要的精度,对十进制小数进行近似转换。

对于混合小数(有整数和小数组成)只要将整数部分和小数部分分别转换后,再将所得结果相加,就是最终结果。

【例 5.8】 将十进制数 236.375 转换为二进制数。

根据例 5.4 和例 5.7 有:$(236)_{10} = (11101100)_2$,$(0.375)_{10} = (0.011)_2$;

所以,$(236.375)_{10} = (11101100.011)_2$。

4. 八进制数与二进制数互换

由于一位八进制数能表示的数为 0~7,而三位二进制数能表示的数正好也是 0~7,所以用三位二进制数即可表示一位八进制数,转换规则如下。

(1) 二进制数转换成八进制数:以小数点为中心,分别向左、向右,每三位划分成一组(如整数部分不足三位在高位以 0 补足,小数部分不足三位在低位以 0 补足),每组分别转化为对应的一位八进制数,最后将这些数字从左到右连接起来即可。

(2) 八进制数转换成二进制数:将每一位八进制数转换成对应的三位二进制数,将这些二进制数从左到右连接起来即可。

【例 5.9】 将二进制数 11010011.1011 转换为八进制数,将八进制数 372.64 转换为二进制数。

$$
\begin{array}{cccccc}
\underline{011} & 010 & 011 & . & 101 & 1\underline{00} \\
3 & 2 & 3 & . & 5 & 4
\end{array}
\qquad
\begin{array}{cccccc}
3 & 7 & 2 & . & 6 & 4 \\
011 & 111 & 010 & . & 110 & 100
\end{array}
$$

即 $(11010011.1011)_2 = (323.54)_8$,$(372.64)_8 = (11111010.1101)_2$。

5. 十六进制数与二进制数互换

由于一位十六进制数能表示的数为 0~15,而四位二进制能表示的数正好也是 0~15,所以用四位二进制数即可表示一位十六进制数,二进制数与十六进制数之间的转换规则和二进制数与八进制数之间的转换规则非常类似。

(1) 二进制数转换成十六进制数:以小数点为中心,分别向左、向右,每四位划分成一组(如整数部分不足四位在高位以 0 补足,小数部分不足四位在低位以 0 补足),每组分别转化为对应的一位十六进制数,最后将这些数字从左到右连接起来即可。

(2) 十六进制数转换成二进制数:将每一位十六进制数转换成对应的四位二进制数,将这些二进制数从左到右连接起来即可。

【例 5.10】 将二进制数 11111010011.101101 转换为十六进制数,将十六进制数 3B5.6A 转换为二进制数。

$$\underline{0}111\ 1101\ 0011\ .\ 1011\ 01\underline{00} \qquad\qquad 3\quad B\quad 5\quad .\quad 6\quad A$$
$$7\quad D\quad 3\quad .\quad B\quad 4 \qquad\qquad \underline{0}011\ 1011\ \underline{0}101\ .\ \underline{0}110\ 1010$$

即 $(11111010011.101101)_2 = (7D3.B4)_{16}$,$(3B5.6A)_{16} = (1110110101.0110101)_2$。

5.2.4 二进制数的运算

二进制数的运算主要包括算术运算和逻辑运算。

1. 算术运算

(1) 加法(逢二进一)。二进制加法,在同一数位上只有四种情况:
$$0+0=0,0+1=1,1+0=1,1+1=10$$
从低位到高位依次运算,"逢二进一",完成加法运算。

【例 5.11】 二进制加法:

① 10110+1101   ② 1110+101011

解:加法算式和十进制加法一样,把右边第一位对齐,依次相应数位对齐,每个数位满二向上一位进一。

```
①    1 0 1 1 0              ②      1 1 1 0
  +     1 1 0 1                 +  1 0 1 0 1 1
  ─────────────               ─────────────────
    1 0 0 0 1 1                   1 1 1 0 0 1
```

多个数相加,先把前两个数相加,再把所得结果依次与下一个加数相加。

(2) 减法。二进制减法也和十进制减法类似,先把数位对齐,同一数位不够减时,从高一位借位,"借一当二"。

【例 4.13】 二进制减法:

① 110101−11110   ② 10001−1011

解:

```
①    1 1 0 1 0 1            ②    1 0 0 0 1
  −     1 1 1 1 0               −    1 0 1 1
  ─────────────             ─────────────
    1 0 1 1 1                     1 1 0
```

2. 逻辑运算

逻辑变量之间的运算称为逻辑运算,对二进制数的 1 和 0 赋以逻辑含义,例如用 1 表示真,用 0 表示假,这样就将二进制数与逻辑值对应起来。由此可见,逻辑运算是以二进制数为基础的。注意,普通代数的变量可以有各种各样的取值,而逻辑变量的取值只有两种:真和假,即 1 和 0。

逻辑运算包括三种基本运算:逻辑加法(又称"或"运算)、逻辑乘法(又称"与"运算)和逻辑否定(又称"非"运算)。此外,还有异或运算和复合运算等。计算机的逻辑运算是按位进行的,不像算术运算那样有进位或借位的联系。

(1) 逻辑加法("或"运算)。逻辑加法通常用符号"+"或"∨"来表示。逻辑加法运算规则如下:

$$0+0=0,0\vee0=0,0+1=1,0\vee1=1$$
$$1+0=1,1\vee0=1,1+1=1,1\vee1=1$$

从以上式子可见,逻辑加法有"或"的意义。也就是说,在给定的逻辑变量中,A 或 B 只要有一个为 1,其逻辑加的结果为 1,两者都为 0 则逻辑加为 0。

(2) 逻辑乘法("与"运算)。逻辑乘法通常用符号"×"或"∧"或"·"来表示。逻辑乘法运算规则如下:

$$0\times0=0,0\wedge0=0,0\cdot0=0$$
$$0\times1=0,0\wedge1=0,0\cdot1=0$$
$$1\times0=0,1\wedge0=0,1\cdot0=0$$
$$1\times1=1,1\wedge1=1,1\cdot1=1$$

不难看出,逻辑乘法有"与"的意义。它表示只有当参与运算的逻辑变量都同时取值为 1 时,其逻辑乘积才等于 1,如果有一个逻辑变量取值为 0 时,则其逻辑乘积为 0。

(3) 逻辑否定("非"运算)。逻辑非运算又称逻辑否运算,即"取反"运算。其运算规则如下:

$$\overline{0}=1,非\ 0\ 等于\ 1$$
$$\overline{1}=0,非\ 1\ 等于\ 0$$

5.2.5 整数(定点数)

计算机中的数值信息分成整数和实数两大类。整数不使用小数点,或者说小数点始终隐含在最低位(最右边的一位)的右面,所以整数也叫作"定点数"。计算机中的整数分为两类:不带符号的整数(unsigned integer),此类整数一定是正整数;带符号的整数(signed integer),此类整数既可表示正整数,又可表示负整数。

不带符号的整数常常用于表示地址、索引等,它们可以是 8 位、16 位、32 位或 64 位等。8 个二进位表示的正整数其取值范围是 $0\sim255(2^8-1)$,16 个二进位表示的正整数其取值范围是 $0\sim65535(2^{16}-1)$,n 个二进位表示的正整数其取值范围是 $0\sim2^n-1$。

带符号的整数必须使用一个二进位作为其符号位,一般总是最高位(最左面的一位),"0"表示"+"(正数),"1"表示"−"(负数),其余各位则用来表示数值的大小。例如,

$$(00101011)_2=(+43)_{10},(10101011)_2=(-43)_{10}$$

可见,8 个二进位表示的带符号整数其取值范围是 $-127\sim+127(-2^7+1\sim+2^7-1)$,$n$ 个二进位表示的带符号整数其取值范围是 $-2^{n-1}+1\sim+2^{n-1}-1$。

上面的表示法称为"原码",它虽然与人们日常使用的方法比较一致,但由于加法运算与减法运算的规则不统一,需要分别使用不同的逻辑电路来完成,增加了 CPU 的成本。为此,数值为负的整数在计算机内不采用"原码"而采用"补码"的方法进行表示:

正数采用补码表示时,其补码和原码相同。

负数使用补码表示时,符号位也是"1",但绝对值部分的表示却是对原码数值的每一位取反(称为反码)后再在末位加"1"所得到的结果,即符号位保持不变,其他位取反加 1。

例如：$\qquad$ $(-43)_{原}=10101011$

绝对值部分每一位取反后为：$(-43)_{反}=11010100$

末位加"1"得到：$\qquad$ $(-43)_{补}=11010101$

5.3　多媒体技术

　　计算机应用的实质就是使用计算机进行信息处理。数值、文字、声音、图像等都是人们用以表达和传递信息的媒体，了解它们在计算机中的表示、处理、存储和传输方式，对掌握计算机的操作与应用有着非常重要的作用。本小节主要对文字即文本的处理进行详细的介绍。

5.3.1　文本

　　存储在计算机中的文字信息称为"文本"，由一系列字符组成。字符包括西文字符（字母、数字和各种符号）和中文字符。字符与其他信息一样，在计算机中采用二进制编码存储。字符编码的方法简单，首先确定需要编码的字符总数，然后将每一个字符按顺序确定编号，编号值的大小无意义，仅作为识别和使用这些字符的依据。下面主要介绍常用的西文和汉字字符的编码。

1. ASCII 码

　　计算机中的信息都是用二进制编码表示的，用以表示字符的二进制编码称为字符编码。计算机中最常用的字符编码是 ASCII 码（American Standard Code for Information Interchange，美国信息交换标准码），被国际标准化组织指定为国际标准。

　　ASCII 字符集由拉丁字母、数字、标点符号及一些特殊符号组成，字符集中的每一个字符各有一个代码，这个代码即字符的二进位表示，称为该字符的编码。

　　ASCII 码字符集有 7 位码和 8 位码。基本的 ASCII 码字符集共有 128 个字符，每个字符使用 7 个二进位进行编码，称为标准 ASCII 码，如表 5-4 所示。由于字节是计算机中最基本的存储和处理单位，所以一般以一个字节来存放一个 ASCII 码。每个字节长度为 8 位，标准 ASCII 码为 7 位，所以将每个字节多出的位——最高位补 0。

表 5-4　7 位 ASCII 码表

高三位 低四位	000	001	010	011	100	101	110	111
0000	NUL	DLE	SP	0	@	P	`	p
0001	SOH	DC1	!	1	A	Q	a	q
0010	STX	DC2	"	2	B	R	b	r
0011	ETX	DC3	#	3	C	S	c	s
0100	EOT	DC4	$	4	D	T	d	t
0101	ENQ	NAK	%	5	E	U	e	u

(续表)

高三位 低四位	000	001	010	011	100	101	110	111
0110	ACK	SYN	&	6	F	V	f	v
0111	BEL	ETB	'	7	G	W	g	w
1000	BS	CAN	(	8	H	X	h	x
1001	HT	EM	)	9	I	Y	i	y
1010	LF	SUB	*	:	J	Z	j	z
1011	VT	ESC	+	;	K	[	k	{
1100	FF	FS	,	<	L	\	l	|
1101	CR	CS	—	=	M	]	m	}
1110	SO	RS	.	>	N	ˆ	n	~
1111	SI	US	/	?	O	—	o	DEL

其中,列对应的是高三位,行对应的是低四位。如大写字母 A 的 ASCII 码值是 01000001B,小写字母 a 的 ASCII 码值是 01100001B。

上表中对大小写英文字母、阿拉伯数字、标点符号及控制字符等特殊符号规定了编码,表中每一个字符都对应一个数值,称为该字符的 ASCII 码值。其排列顺序是 $b_6 b_5 b_4 b_3 b_2 b_1 b_0$,$b_6$ 为最高位,b_0 为最低位。

从 ASCII 表中看出,0~9,A~Z,a~z 都是顺序排列的,且小写字母比大写字母的码值大 32D 或 20H,这有利于大、小写字母之间的码值转换。

2. 汉字编码字符集

(1) GB 2312—80 国标汉字基本集。

ASCII 码只能对西文字符编码,而中文文本的基本组成单位是汉字。汉字的总数超过 6 万个,数量大,字形复杂,同音字多,异体字多,因而汉字在计算机内部的表示与处理,传输与交换,以及汉字的显示、打印等都比西文要复杂。

为了适应计算机处理汉字信息的需要,1980 年我国颁布了第一个国家标准——《信息交换用汉字编码字符集·基本集》(GB 2312—80)。这也是为了便于各计算机系统之间准确无误地交换汉字信息,而规定的一种专门用于汉字信息交换的统一编码,这种编码称为汉字的交换码,又称为国标码。每个字符的国标码占用两个字节,每个字节的最高位为"0"。

该标准选出 6 763 个常用汉字和 682 个非汉字字符,为每个字符规定了标准代码。根据统计,把最常用的 6 763 个汉字分成两级:一级汉字有 3 755 个,按汉语拼音排列;二级汉字有 3 008 个,按偏旁部首排列。682 个非汉字字符主要包括字母、数字和各种符号,包含拉丁字母、俄文、日文平假名与片假名、希腊字母、汉语拼音等,也称为 GB 2312 图形符号。

GB 2312 的所有字符分布在一个 94 行×94 列的二维平面内,行号称为区号,编号为 1~94,列号称为位号,编号为 1~94。GB 2312 分布情况为:01~09 区为特殊符号;16~55 区为一级汉字,按拼音排序;56～87 区为二级汉字,按部首排序;10～15 区及 88～94 区则未有编码。

区号与位号各用两位十进制数表示,它们拼在一起称为汉字的区位码,如图 5-3 所示为 94×94 区位汉字分布情况。例如,汉字"啊"的区码为 10H,位码为 01H,则该汉字的区位码为 1001H。

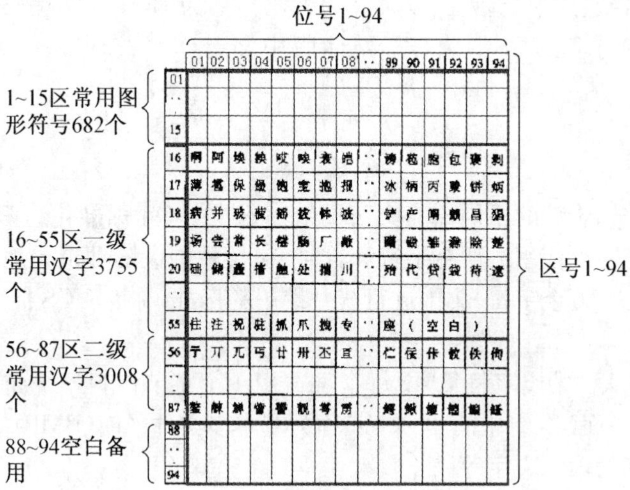

图 5-3　94×94 区位码表示的汉字

为了与 ASCII 码兼容,规定将汉字的区号和位号转换或国标码,汉字输入区位码和国标码之间有一个转换关系。具体方法是:将一个汉字的十进制区号和十进制位号分别转换成十六进制,然后分别加上 20H;如果是十进制数,分别加上 32,转换为汉字的国标码。

为了计算机处理、传输与存储汉字的方便,又将国标码的两个字节的最高位都置为 1,这种高位均为 1 的双字节汉字编码称为 GB 2312 汉字的机内码,又称内码。内码和国标码之间的转换关系是:将二进制表示的国标码最高位都置为 1(即二进制数 10000000),或者十进制的国标码两个字节分别加上 128D,或者十六进制的国标码加上 80H,得到的编码就是汉字的机内码。例如:汉字"中"的编码,如表 5-5 所示。

表 5-5　同一个汉字"中"的区位码、国际码、机内码

汉字:中	二进制	十进制	十六进制
区位码	00110110　00110000	54　48	36　30
国标码	01010110　01010000	86　80	56　50
机内码	11010110　11010000	214　208	D6　D0

(2) GBK—95 汉字内码扩充规范。

GB 2312 只有 6 763 个汉字,而且均为简体字,在人名、地名的处理上经常不够使用,尤其在处理繁体文字时。为此我国于 1995 年发布了另一个汉字编码标准——GBK—95,全称为《汉字内码扩展规范》。它一共有 21 003 个汉字和 883 个图形符号,除了 GB 2312 中的全部汉字和符号外,还包含了大量的繁体汉字。它对多达 2 万余个简、繁体汉字进行了编码,这种内码依然采用 2 个字节表示一个汉字。

(3) GB 18030—2000。

为了既能与国际标准 UCS(Unicode)接轨,又能保护已有的大量中文信息资源,进入 21 世纪,我国又颁布了最新的 GB 18030 编码标准,它与 GB 2312 和 GBK—95 保持向下兼容,同时还扩充了 Unicode 的其他字符。目前 GB18030 编码包含的汉字约为 2.6 万个。

(4) Big5 码。

台湾、香港地区普遍使用繁体汉字,对应的编码标准为 Big5 汉字编码标准,简称大五码,GB 2312(GBK—95)与 Big5 并不兼容。繁体版中文操作系统 Windows 系列使用的都是 Big5 码。

3. UCS/Unicode

为了实现全球数以千计的不同语言文字的统一编码,国际标准化组织(ISO)制定了一个将全世界现代书面文字所使用的所有字符和符号(包括中国大陆和港台地区、日本、韩国等使用的汉字在内,大约 19 万个字符)集中进行统一编码的标准,称为 UCS 标准,对应的工业标准称为 Unicode。

UCS 码(通用多八位编码字符集)中每个字符用 4 个字节(组号、平面号、行号和字位号)唯一地表示,第一个平面(00 组中的 00 平面)称为基本多文种平面(BMP)。包含字母文字、音节文字以及中、日、韩的表意文字等。

Unicode 编码最初是由 Apple 公司发起制定的通用多文字集,后来被 Unicode 协会开发为能表示几乎世界上所有书写语言的字符编码标准。Unicode 字符清单有多种代表形式,包括 UTF-8、UTF-16 和 UTF-32,分别用 8 位、16 位或 32 位表示字符。如英文版 Windows 使用的是 8 位 ASCII 码或 Unicode-8,而中文版 Windows 使用的是支持汉字系统的 Unicode-16 等。目前,Unicode 在网络、Windows 系统和很多大型软件中得到应用。

4. 汉字的处理过程

从汉字编码的角度看,计算机对汉字信息的处理过程实际上是各种汉字编码间的转换过程。这些编码主要包括汉字输入码、汉字内码、汉字地址码、汉字字形码等。这一系列的编码及转换的流程如图 5-4 所示。

汉字输入 → 输入码 → 国标码 → 机内码 → 地址码 → 字形码 → 汉字输出

图 5-4　汉字信息处理流程处理

(1) 汉字的输入码。

为将汉字输入计算机中而编制的代码称为汉字输入码,也叫外码,它是利用计算机标准键盘上按键的不同排列组合来对汉字的输入进行编码。汉字的输入法曾经有数百种之多,能够被广泛接受的编码方案应具有以下特点:易学习、易记忆;编码短,效率高,平均击键次数少;重码少,可以实现盲打等。

汉字输入码大体分为四类:① 数字编码,使用一串数字来表示汉字的编码方法,例如电报码、区位码等,它们难以记忆,很少使用。② 字音编码,这是一种基于汉字拼音的编码方法,简单易学,如智能 ABC、紫光输入法、搜狗输入法等。缺点是重码较多。③ 字形编码,这是按汉字的字形分解按笔画和部首进行输入的编码方法,重码少,输入速度较快,但是编码规则不易掌握,如五笔字型输入法属于这一类。④ 形音编码,它吸取了字音编码和字形编码的优点,使编码规则适当简化,重码减少,但是规则掌握有难度。

除了可以通过键盘输入汉字外,还可以通过其他方式输入,如语音输入、手写输入和扫描输入等。

一个汉字可以通过多种输入法输入,不同的输入法有不同的输入码。例如"中"字的全拼输入码是"zhong",其双拼输入码是"VS",而五笔的输入码是"kh"。不同的输入码通过输入字典的转换统一到标准的国标码之下。

(2) 汉字的字形码。

经过计算机处理的汉字信息,如果要显示或打印出来阅读,则必须将汉字内码转换成人们可以阅读的方块汉字。汉字机内码并不能直接反映汉字的字形,而要采用专门字形码。汉字字形码又称汉字字模,用于汉字在显示屏上显示或打印机输出。汉字字形码通常有两种表示方式:点阵表示和矢量表示。

用点阵表示字形时,汉字字形码指的就是这个汉字字形点阵的代码,即将字符的字形分解成若干"点"组成的点阵,点阵中的每一个点可以有黑白两种颜色,有字形笔画的点用黑色,反之用白色,这样就能描写出汉字字形了。根据输出汉字的要求不同,点阵的多少也不同。简易型汉字为 16×16 点阵,普通型汉字为 24×24 点阵,提高型汉字为 32×32 点阵、48×48 点阵等。下图 5-5 显示了汉字"中"字的 16×16 字形点阵和代码,显示为宋体字体格式。

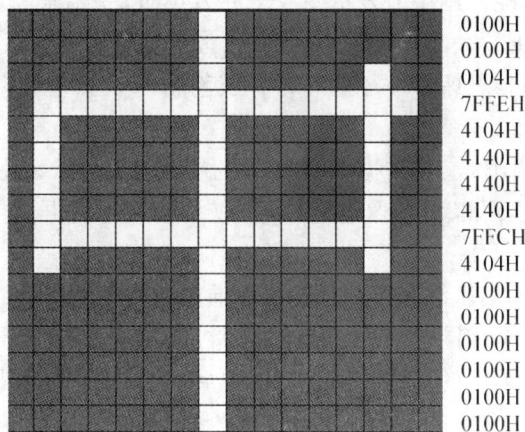

0100H
0100H
0104H
7FFEH
4104H
4140H
4140H
4140H
7FFCH
4104H
0100H
0100H
0100H
0100H
0100H
0100H

图 5-5 汉字字模点阵图

在一个 16×16 的网格中用点描出一个汉字,如"中"字,整个网格分成 16 行 16 列,每个小格用 1 位二进制编码表示,黑点用"1"表示,白点用"0"表示,这样,从上到下,每一行需要 16 位二进制位,占两个字节。如第一行的点阵编码为 0100H。描述 16×16 的汉字字形需要的存储空间为(16×16)/8=32Bytes。不同的字体(如宋体、楷体、黑体)对应不同的字库。字模点阵越大,字形清晰度越高,所占据的存储空间也越大。如 32×32 点阵的一个汉字需要的存储空间为(32×32)/8=128Bytes。输出汉字时,先根据汉字内码从字库中提取汉字的字形数据,然后根据字形数据显示和打印出汉字。点阵字形放大后,效果不好,会出现锯齿状。

矢量表示方式存储的是描述汉字字形的轮廓特征,输出汉字时,通过计算机的计算,由汉字字形描述生成所需大小和形状的汉字点阵。矢量化字形描述与最终文字显示的大小、分辨率无关,因此可产生高质量的汉字输出。Windows 中使用的 TrueType 技术就是汉字的矢量表示方式,解决了汉字点阵字形放大后出现锯齿现象的问题。

5.3.2 图像、声音及视频的处理

1. 图像

计算机中的静态图像按其生成方法可以分成两类:一类是从现实世界中通过扫描仪、数码相机等设备获取的图像,它们称为取样图像,也称为点阵图像或位图图像(bit map),通常说的图像都是位图;另一类是使用计算机合成或制作的图像,它们称为矢量图形(vector graphics)或简称图形。

图像分辨率是指数字化图像的大小,即该图像的水平与垂直方向的像素个数,如同屏幕分辨率一样。

图像深度,也叫颜色深度或像素深度,即一个像素所有颜色分量的二进制位数之和。例如,彩色图像,若其像素的 R、G、B 每个颜色分量分别用 8 个二进位表示,则其像素深度为 24。像素深度反映图像可以表现的颜色总数,像素深度为 24 位称为真彩色。如果显示器的颜色数小于图像的颜色数,就会使得图像颜色失真,因此显示器的颜色质量应尽量设置为 24 位或 32 位。

如何计算图像的大小呢?用字节表示图像文件大小时,一幅未经压缩的数字图像的数据量大小计算如下:图像数据量大小=(像素总数×图像深度)/8,而像素总数=图像水平分辨率×图像垂直分辨率。例如,一幅 800×600 的增强色图像数据量为(1 024×768×16)/8≈1.5 MB。

没有经过任何压缩的图像文件占据的空间非常大。由于图像数据的冗余度大,再加上人眼的视觉有一定的局限性,可以对图像进行压缩,以缩小文件占据的空间和缩短网络传输的时间。

数据压缩分为两种:无损压缩和有损压缩。无损压缩指压缩以后的数据进行图像还原时,重建的图像和原始图像完全相同,没有一点误差。常用的有霍夫曼编码和 LZW(字典编码)编码等。有损压缩指使用压缩后的图像数据进行还原后,重建的图像与原始图像虽有一定的误差,但是不影响人们对图像含义的正确理解。图像压缩的方法很多,不同方法适用于不同的应用,为了得到较高的图像压缩比,常采用有损压缩。一般情况下,有损压缩的压缩比高于无损压缩。静态图像压缩编码的国际标准是 JPEG。

较为常见的数字图像格式有以下几种。

BMP:是微软公司在 Windows 操作系统下使用的一种标准图像文件格式,有 RLE(行程长度编码)压缩和无压缩之分。几乎所有 Windows 应用软件都能支持它。

GIF:GIF 文件格式是压缩图像存储格式,它使用 LZW 压缩方法,压缩比例高。它的颜色数目较少,不超过 256 色,文件长度比较小,因此被广泛应用于网络通信中,广泛应用于因特网上。GIF 格式能够支持透明背景,还可以进行图像累加形成动画的效果。

JPG(JPEG):第一个针对静态图像压缩的国际标准,大多图像为有损压缩。这种文件格式被广泛应用于静态图像。JPEG 最新的版本是 JPEG 2000,它支持渐进式传输,既支持有损

压缩,也支持无损压缩,在颜色处理上支持 256 通道的信息。

TIFF:大量应用于扫描仪和桌面出版,能支持多种压缩方法和多种不同类型的图像。

PNG:图像文件格式,其开发目的是替代 GIF 和 TIFF 文件格式。它汲取 GIF 和 JPG 两者的优点,存储形式丰富,兼有 GIF 和 JPG 的色彩模式。它的第二个特点是能把图像文件压缩到极限以利于网络传输,但又能保留所有与图像品质有关的信息。

2. 声音

声音是传递信息的一种重要媒体,也是计算机信息处理的对象之一,它在多媒体技术中起着重要的作用。计算机能够处理、存储和传输声音的前提是必须将声音数字化。计算机系统通过输入设备(麦克风等)输入声音信号,并对其进行采样、量化而将其转换成数字信息,然后通过输出设备(音响等)输出。

(1) 采样:声音用电信号表示时,声音信号是在时间上和幅度上都连续的模拟信号。每隔一段时间对连续的模拟信号进行测量,就是采样。每分钟的采样次数即为采样频率。采样频率越高,采集到的样本就越多,声音信号的还原性能就越好。为了不产生失真,按照采样原理,取样频率不应低于声音信号最高频率的两倍。

(2) 量化:在这些特定的时刻采样后得到的信号转换成相应的数值表示,就是量化。转换后的数值以几位二进制数的形式表示即为量化位数。量化位数一般为 8 位、16 位。量化位数越大,采集到的样本精度就越高,声音的质量就越高。但量化位数越多,需要的存储空间也就越多。

波形声音的主要参数包括取样频率、量化位数、声道数目、使用的压缩编码方法以及比特率。比特率也称为码率,它指的是每秒钟的数据量。波形声音未压缩前,码率的计算公式为:

$$波形声音的码率＝采样频率×量化位数×声道数$$

压缩编码以后的码率则为压缩前的码率除以压缩倍数。

数字语音的取样频率为 8kHz,量化位数为 8bits,声道数为 1,未压缩时的码率为 64kb/s。

存储声音信息的文件格式有很多种,常用的有 WAV、MIDI、VOC、MP3、AU 及 AIF 等。

WAV 格式文件:又称为波形文件,以".wav"作为文件的后缀名。WAV 文件是 Windows 中采用的波形文件存储格式。

MIDI 格式文件:MIDI(Musical Instrument Digital Interface)是电子乐器数字接口的缩写,它规定了乐器、计算机、音乐合成器以及其他电子设备之间交换音乐信息的一组标准规定,包括音符、定时和多个通道的乐器定义。MIDI 文件不像 WAV 文件记录声音信息,而是记录一系列的指令,可以说是记录了乐谱的信息。因此 MIDI 文件比 WAV 文件存储的空间小得多,而且易于编辑、处理。MIDI 文件的缺点是播放声音的效果依赖于播放 MIDI 的硬件质量,但整体效果不如 WAV 文件。产生 MIDI 乐音的方法有很多种,常用的有 FM 合成法和波表合成法。MIDI 文件的扩展名有".mid"、".rmi"等。

MP3 格式文件:MP3 采用 MPEG－1 层 3(Layer 3)标准对 WAV 音频声音进行压缩而成。

其他格式文件:VOC 文件是声霸卡使用的音频文件格式,以".voc"作为文件的扩展名。AU 文件主要用在 UNIX 工作站上,以".au"作为文件的扩展名。AIF 文件是苹果机的音频文件格式,以".aif"作为文件的扩展名。

3. 视频

常见的视频有电视和计算机动画。电视能传输和再现真实世界的图像和声音,是当代最有影响力的信息传播工具。计算机动画是计算机制作的图像序列,是一种计算机合成的视频。视频是将静态图像以每秒 n 幅的速度播放,当 $n \geqslant 25$ 时,显示在人眼中的就是连续的画面。一般是以 25 帧/秒或 30 帧/秒播放。

常见视频文件的格式有以下几种。

AVI 格式:AVI(Audio Video Interleaved)又称作音/视频交错格式,是由微软公司开发的一种数字音频和视频文件格式。AVI 格式允许视频和音频同步播放,但由于 AVI 文件没有限定压缩标准,因此 AVI 文件格式不具有兼容性。不同压缩标准生成的 AVI 文件,必须使用相应的解压算法才能播放。

MOV 格式:MOV 格式是 Apple 公司开发的一种音频和视频文件格式,用于保存音频和视频信息。

MPEG 格式:MPEG(Moving Picture Experts Group)运动图像专家组,是运动图像压缩算法的国际标准,现在几乎已被所有的 PC 平台共同支持。

MPEG 在保证影像质量的基础上,采用有损压缩算法减少运动图像中的冗余信息。MPEG 家族中包括 MPEG - 1、MPEG - 2 和 MPEG - 4 等多种视频格式。平均压缩比为 50 : 1,最高可达 200 : 1。不但压缩效率高、质量好,而且在计算机上有统一的标准格式,兼容性相当好。

计算机动画是采用计算机制作的一幅幅静态图像的连续播放。通过快速地播放一系列的静态画面,让人在视觉上产生动态的效果。组成动画的每一个静态画面叫作一帧(frame),动画的播放速度通常称为"帧速率",以每秒播放的帧数表示,简记为 f/s。

Macromedia 公司的 Flash 动画近年来在网页中得以广泛运用,是目前最流行的二维动画技术。用它制作的 SWF 动画文件,可以嵌入 HTML 文件中,也可以单独使用,或以 OLE 对象的方式出现在各种多媒体创作系统中。SWF 文件的存储量很小,但在几百至几千字节的动画文件中,却可以包含几十秒钟的动画和声音,使整个页面充满了生机。

习　题

下列各题从 A、B、C、D 四个选项中选出一个正确的答案。

1. 世界上第一台电子计算机名叫（　　）。

　　A. EDVAC　　　　　B. ENIAC　　　　　C. EDSAC　　　　　D. MARK－Ⅱ

2. 计算机采用的主机电子器件的发展顺序是（　　）。

　　A. 晶体管、电子管、中小规模集成电路、大规模和超大规模集成电路

　　B. 电子管、晶体管、中小规模集成电路、大规模和超大规模集成电路

　　C. 晶体管、电子管、集成电路、芯片

　　D. 电子管、晶体管、集成电路、芯片

3. 计算机技术应用广泛，以下属于科学计算方面的是（　　）。

　　A. 信息检索　　　　　　　　　　B. 火箭轨道计算

　　C. 视频信息处理　　　　　　　　D. 图像信息处理

4. 存储器容量单位中，1 KB 表示（　　）。

　　A. 1 024 个字节　　　　　　　　B. 1 024 位

　　C. 1 024 个字　　　　　　　　　D. 1 000 个字节

5. 将十进制数 32 转换成无符号二进制数是（　　）。

　　A. 100000　　　　B. 100100　　　　C. 101000　　　　D. 100010

6. 与十六进制数 AB 等值的十进制数是（　　）。

　　A. 171　　　　　B. 173　　　　　C. 175　　　　　D. 177

7. 一个字长为 5 位的无符号二进制数能表示的十进制数值的范围是（　　）。

　　A. 1～32　　　　B. 0～31　　　　C. 1～31　　　　D. 0～32

8. 设汉字点阵为 32×32，那么 100 个汉字的字形信息所占用的字节数是（　　）。

　　A. 12 800　　　　B. 3 200　　　　C. 32×3 200　　　　D. 128 K

9. 下列关于 ASCII 编码的叙述中，正确的是（　　）。

　　A. 一个字符的标准 ASCII 码占一个字节，其最高二进制位总为 1

　　B. 所有大写英文字母的 ASCII 码值都小于小写字母"a"的 ASCII 码值

　　C. 所有大写英文字母的 ASCII 码值都大于小写字母"a"的 ASCII 码值

　　D. 标准 ASCII 码表有 256 个不同的字符编码

10. 大写字母 B 的 ASCII 码值为（　　）。

　　A. 65　　　　　B. 66　　　　　C. 41H　　　　　D. 97

11. 一个汉字的机内码与它的国标码之间的差是（　　）。

　　A. 2020H　　　　B. 4040H　　　　C. 8080H　　　　D. A0A0H

12. 根据汉字国标 GB 2312—80 的规定，二级次常用汉字个数是（　　）。

　　A. 3 000 个　　　　B. 7 445 个　　　　C. 3 008 个　　　　D. 3 755 个

第**6**章
计算机硬件的组成

经过几十年的发展,计算机已经分为多种类型。尽管各种类型的计算机在性能、用途和规模上差别显著,但其基本结构却又十分相近,即都遵循冯·诺依曼原理,人们称符合这种原理的计算机为冯·诺依曼机。冯·诺依曼机的硬件从逻辑上(功能上)来讲由运算器、控制器、存储器、输入设备、输出设备五部分组成。现在,生产厂家将运算器和控制器做在同一个微处理器上,称为中央处理器(Central Processing Unit,CPU),而将存储器分为内存储器和外存储器,各功能部件通过总线互相连接起来,如图6-1所示。

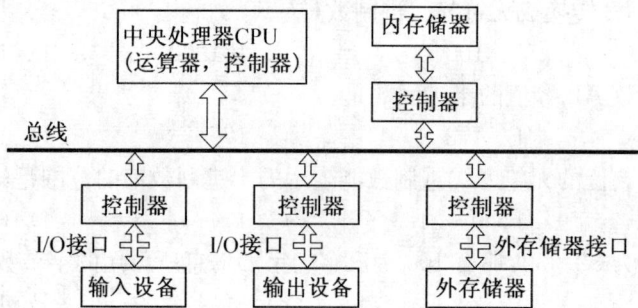

图 6-1　计算机硬件的逻辑组成

图6-1的上半部,即CPU、内存、总线构成计算机的主机;下半部,即输入设备、输出设备、外存储器称为外围设备,简称外设。

下面以冯·诺依曼机的五大组成为主线依次讲解各个组成部分的特点、工作原理和性能指标等内容。

6.1　CPU 的结构与原理

6.1.1　CPU 的结构

CPU 主要由寄存器组、运算器、控制器三个部分组成。

1. 寄存器组

寄存器组由十几个甚至几十个寄存器组成。寄存器的存取速度很快，它们用来临时存放参加运算的数据和运算得到的中间（或最后）结果。

2. 运算器

运算器（Arithmetic Unit，AU）的主要功能是对二进制数据进行算术运算（加、减、乘、除等）或逻辑运算（与、或、非等），所以也称之为算术逻辑部件（Arithmetic and Logic Unit，ALU）。由于在计算机内各种运算均可归纳为相加和移位这两个基本操作，所以运算器的核心是加法器（Adder）。通常参加运算的数据（称为操作数）来自寄存器，运算的结果也送回寄存器临时存放。若一个寄存器既保存本次运算的结果，又参与下次的运算，它的内容就是多次累加的和，这样的寄存器又叫作累加器（Accumulator，AL）。

为了加快运算速度，CPU 中的 ALU 可能有多个，有的负责完成整数（定点数）运算，有的负责完成实数（浮点数）运算，有的还能进行一些特殊的运算处理。图 6-2 是 D 寄存器的内容与 G 寄存器的内容相加，并把和数写入 B 寄存器的示意图。

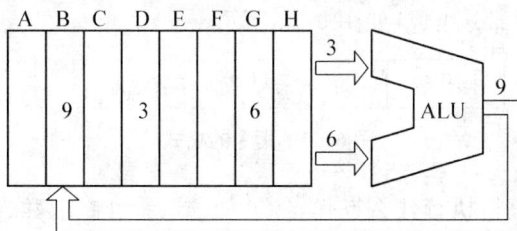

图 6-2　运算器与寄存器组

3. 控制器

控制器（Control Unit，CU）是 CPU 的指挥中心。它的主要部件有指令计数器（也叫程序计数器）、指令寄存器、译码器、时序节拍发生器、操作控制部件等。指令计数器中存放着 CPU 正在执行的指令的地址，CPU 根据该地址从内存读取所要执行的指令，并将它存放在指令寄存器中，通过译码器解释该指令的含义，再由操作控制部件有序地控制各部件完成指令规定的功能。

程序执行的过程大致如图 6-3 所示，图中①～⑤所表示的含义如下。

① 任务启动时，执行该任务的程序和数据从外存储器成批传送到内存。

② CPU 从内存中逐条读取该程序的指令及相关数据。

③ CPU 逐条执行指令，按指令要求完成对数据的运算和处理。

④ 将运算处理的结果送回内存保存。

⑤ 任务完成后，将运算处理得到的全部结果成批传送到外存储器以长久保存。

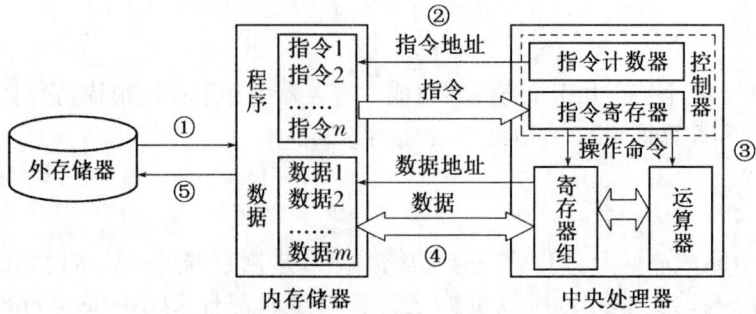

图 6 - 3　CPU 的结构及程序在计算机中的执行过程

6.1.2　指令与指令系统

1. 机器指令

计算机指令简称指令或命令,是计算机硬件真正能执行的命令,它规定计算机的 CPU 执行什么操作。由于计算机只能识别二进位,因此指令采用二进位编码来表示,一般由操作码和操作数或操作数的地址两部分组成,如图 6 - 4 所示。

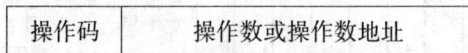

操作码	操作数或操作数地址

图 6 - 4　指令的格式

(1) 操作码:指出计算机执行什么操作,例如加、减、乘、除、取数、存数等。每一个命令词都有各自的编码,称为操作码。

(2) 操作数或操作数地址:操作数就是直接给出该命令所操作(处理)的数据,操作数地址就是给出保存要处理数据的内存地址或寄存器编号,操作数或操作数地址可以是一个也可以是多个,这需要由操作码决定。

2. 指令的执行过程

任何程序的运行都是由 CPU 一条一条地执行指令来完成的。CPU 执行每一条指令还要分成若干步,每一步仅仅完成一个或几个非常简单的操作(称为微操作)。CPU 执行每一条指令的微操作大致如下:

(1) 根据指令计数器中保存的指令地址,从内存读取一条指令并放入指令寄存器。

(2) 指令译码器对指令进行译码。决定该指令应进行何种操作、操作数在哪里。译码的结果按一定顺序产生执行该指令所需的全部控制信号。

(3) 根据操作数的位置取出操作数。

(4) 运算器对操作数完成规定的运算,并根据运算结果修改或设置处理器的一些状态标志。

(5) 将运算结果保存到指定的寄存器,需要时将结果从寄存器保存到内存。

(6) 修改指令计数器,将原来的地址加 1,作为下一条指令的地址。

需要指出的是,不同指令的操作要求不同,操作数的数据类型、个数和来源也不一样,执行时的步骤和复杂程度可能会相差很大。

3. 指令系统

每一种 CPU 都有它独特的一组指令。CPU 所能执行的全部指令的集合称为该 CPU 的指令系统或指令集。

通常,指令系统中有数以百计的不同的指令,它们分为若干类,如数据传送类、算术运算类、逻辑运算类、输入/输出类等,每一类指令按照操作数的不同又区分为许多不同的指令。

对于同一家公司,随着新型号微处理器的不断推出,形成 CPU 系列产品,它们的指令系统也在发展变化,该公司一般采用保持指令系统向下兼容的方法来开发新产品。所谓向下兼容是指在 CPU 新产品的指令系统中,增加新指令的同时,保留老产品的全部指令。

对于不同公司生产的 CPU 其指令系统存在两种可能,一种是相互兼容,另一种则是相互不兼容。

目前在个人计算机应用领域中,Intel 公司的微处理器占据着市场的绝大部分份额,主流芯片包括了奔腾、酷睿和赛扬等,CPU 的型号也经历了几十年的发展,由最初的 8086、80286 等一系列发展到酷睿 2 双核、Core i7 系列等。

6.1.3 CPU 的性能指标

计算机的性能很大程度上是由 CPU 的性能决定的。CPU 的性能主要表现在程序执行速度的快慢,而程序执行的速度与 CPU 相关的因素有很多,主要有以下几个方面。

1. 字长

字长是指 CPU 一次能同时处理的二进制数据的位数。它与整数寄存器和定点运算器的宽度相同。由于内存地址是整数,而整数运算是定点运算器完成的,也就是说内存地址的计算是定点运算器完成的,因而定点运算器的宽度也就大体决定了地址码位数的多少。地址码的位数决定了 CPU 可访问的内存最大空间,这是影响 CPU 性能的一个重要因素。通常,字长为字节位数的 2 的 n 次方倍(n 为 $0,1,2,\cdots$),如 8,16,32,64 位等。目前普遍使用的 Intel 和 AMD 微处理器大多是 32 位和 64 位 CPU。

2. 主频

主频也就是 CPU 的时钟频率,指 CPU 中电子线路的工作频率,它决定着 CPU 芯片内部数据传输与操作速度的快慢。一般说来,主频越高,执行一条指令所需要的时间就越少,CPU 的处理速度就越快,但是主频并不直接代表运算速度,因为 CPU 的运算速度还受到许多其他因素的影响。

3. CPU 总线速度

CPU 总线(前端总线)的工作频率和数据线宽度决定着 CPU 与内存之间传输数据的速度快慢,总线速度越快,CPU 性能就发挥得越充分。总线的工作频率也称为外频。

4. 高速缓冲存储器的容量与结构

高速缓冲存储器简称高速缓存或快存,英文缩写 Cache。在程序运行过程中,高速缓存有利于减少 CPU 访问内存的次数,从而提高运算速度。通常 Cache 容量越大,级数越多,其效果就越显著。

5. 指令系统

指令的类型和数目、指令的功能等都会影响程序执行的速度。

6. 逻辑结构

CPU 包含的定点运算器数目、浮点运算器数目、是否具有数字信号处理功能、有无指令预测和数据预测功能、流水线结构和级数等都对指令执行速度有影响,甚至对某些特定的应用有很大的影响。

7. 运算速度

在巨型机和大型机上,度量 CPU 运算速度常使用的指标有如下几种:MIPS(百万条定点指令每秒),MFLOPS(百万条浮点指令每秒),TFLOPS(万亿条浮点指令每秒)。微型机(PC)一般不使用上述指标来衡量其 CPU 的性能。

6.2 微型计算机的主机

微型计算机简称微机,又称为个人计算机、PC、电脑等。用户看到的微机一般由机箱、显示器、键盘、鼠标器和打印机组成。机箱内有主板、硬盘、光驱、软驱、电源等。其中主板上安装了 CPU、内存、总线、I/O 控制器等部件。

6.2.1 主板

1. 主板的基本组成

主板又称母板,是微机最基本也是最重要的部件之一。其功能主要是:为 CPU、内存以及各种外围设备提供一个方便的安装平台;接收电脑电源提供的电能并向主板上各部件供电;接收开(关)机等操作信号,并实现相应的操作。

主板主要由印刷电路板和安装在印刷电路板上的各种元器件组成。通常安装有 CPU 插槽、芯片组、内存储器插槽、扩充卡插槽、显示卡插槽、BIOS 和 CMOS 存储器以及 I/O 插口等,如图 6-5 所示。

随着集成电路制造技术和计算机设计技术的发展,出现了一体化(All in one)主板,其上集成了声音、显示等多种扩充卡的

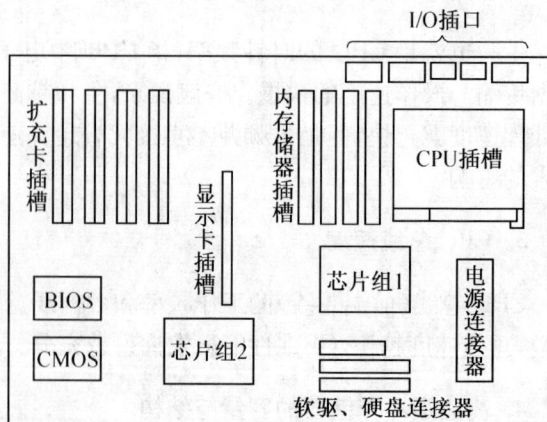

图 6-5 PC 主板示意图

功能,一般不需再插卡就能工作,具有高集成度和节省空间的优点,但也有维修不便和升级困难的缺点。

2. 芯片组

芯片组(Chipset)是主板的核心部件。它是微机各部分相互连接和通信的枢纽,存储器控制、I/O 控制功能几乎都集成在芯片组内,它既实现了总线的功能,又提供了各种 I/O 接口及相关控制。没有芯片组,CPU 就无法与内存、扩充卡、外设等交换信息。芯片组性能的高低,决定了主板性能的高低。

芯片组决定了 CPU 的类型,芯片组还决定了主板的系统总线频率,内存的类型、容量和性能,显卡插槽规格;芯片组决定了扩展槽的种类与数量、扩展接口的类型和数量(如 USB 2.0/1.1,IEEE 1394,串口,并口)等。芯片组、CPU 及其他外围接口设备是同步发展的。

3. BIOS 和 CMOS

主板上还有两块重要的集成电路芯片,BIOS 芯片和 CMOS 芯片,这两块芯片都是存储器芯片。

BIOS 的中文意义是基本输入/输出系统(Basic Input /Output System),它是一组机器语言程序,存放在 Flash ROM 中,BIOS 芯片正是用存放在芯中的内容来命名的。这组程序十分重要,没有 BIOS 或 BIOS 遭到破坏,计算机将不能启动。

计算机加电启动(或按下 Reset 复位键)时,系统首先执行加电自检程序。加电自检程序读取 CMOS 中的数据来识别硬件的配置,并对系统中各部件进行测试和初始化。测试对象包括 CPU、内存、BIOS、CMOS、显示卡、键盘、软驱和硬盘等。测试中如发现某个设备存在故障,加电自检程序就会在屏幕上报告错误信息,系统将停止启动或不能正常工作。

加电自检程序完成后,若系统无致命错误,系统将执行自举程序。自举程序按照 CMOS 中预先设定的启动顺序,例如设定的顺序为硬盘、光盘、软盘,则自举程序首先到硬盘的第一扇区读取主引导记录,如果读取到了主引导记录,则将它装入内存,将控制权交给主引导记录,由主引导记录继续装入操作系统。操作系统装入成功后,整个计算机就处于操作系统的控制之下,用户就可以正常地使用计算机了。如果自举程序在硬盘的第一扇区没有读取到主引导记录,则转到光盘去搜寻,如果还没有,则转到软盘去搜寻,如果按照 CMOS 中预先设定的启动顺序全部搜寻过了,均未找到主引导记录,则计算机不能启动。

在上述过程中,键盘、显示器、软驱、硬盘、光驱等常用外围设备都要参与工作,因此它们的控制程序(即驱动程序)也必须包含在 BIOS 中。

CMOS 是指互补金属氧化物半导体,是制造集成电路芯片的材料,CMOS 芯片就是用制造该芯片的半导体材料的名字作为名字的。CMOS 芯片是一个随机存取存储器(Random Access Memory,RAM),可读可写,向 CMOS 芯片写入数据要使用 BIOS 中的 CMOS 设置程序。CMOS 芯片是易失性存储器,如果断电,存储在其中的数据将全部丢失,为了确保关机后 CMOS 中的数据不丢失,主板上有一块纽扣电池为它供电。

CMOS 中存放着计算机硬件配置信息,包括当前的日期时间、已安装的软驱和硬盘的个数及类型、操作系统启动顺序等。这些信息如果丢失或破坏,计算机将不能正常工作,甚至不能启动。

CMOS 信息通常不需要设置,只在用户希望更改系统日期、时间、口令或启动盘顺序时,或者 COMS 内容因掉电、病毒侵害等原因遭破坏时,才需要用户启动 BIOS 中的 COMS 设置程序对其进行设置。

6.2.2 内存储器

1. 存储器分类

存储器分为内存储器和外存储器两大类。内存储器与 CPU 直接连接,CPU 可直接访问内存中的信息,而外存储器不与 CPU 直接连接,CPU 不能直接访问外存中的信息,如果 CPU 要访问外存中的信息,必须先将外存中的信息调入内存,然后才能通过内存来访问这些信息。内存储器用来存放已经启动运行的程序和正在处理的数据,而外存储器用来永久性存放计算机中几乎所有信息。内存储器存取速度快而容量相对较小,而外存储器存取速度相对较慢而容量很大。

2. 存储器的层次结构

存储器的存取速度越快成本就越高,为了使存储器的性价比得到优化,计算机中各种内存储器和外存储器往往组成一个金字塔状的层次结构,如图 6-6 所示。

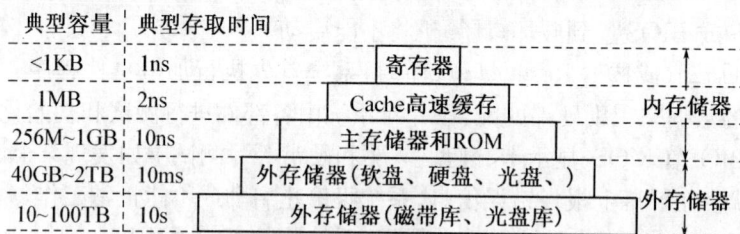

典型容量	典型存取时间		
<1KB	1ns	寄存器	内存储器
1MB	2ns	Cache高速缓存	
256M~1GB	10ns	主存储器和ROM	
40GB~2TB	10ms	外存储器(软盘、硬盘、光盘、)	外存储器
10~100TB	10s	外存储器(磁带库、光盘库)	

图 6-6　存储器的层次结构

3. 内存储器

内存储器由半导体集成电路组成,称为半导体存储器。半导体存储器分为 RAM 和 ROM 两大类:

(1) RAM(Random Access Memory),即随机存取存储器,是可读可写的存储器,读操作时不破坏内存已有的内容,写操作时才改变原来已有的内容。RAM 是易失性存储器,关机或断电时,存储在其中的信息将全部丢失,因此微机每次启动都要对 RAM 重新装配。RAM 又分为 SRAM 和 DRAM 两种。

① SRAM(Static RAM),即静态随机存取存储器,它用触发器的状态来存储信息,只要电源正常供电,触发器就能稳定地存储信息,无需刷新,这就是静态的含义。它集成度低(容量小),但工作速度高(与 CPU 的速度相当),用作高速缓冲存储器 Cache。为什么需要 Cache?由于主存储器存取速度比 CPU 工作速度慢得多(差一个数量级),当 CPU 从内存存取数据时,CPU 往往需要停下来等待,使 CPU 的高速处理能力不能充分发挥,解决的办法就是采用 Cache。计算机在执行程序时,CPU 将预测可能会使用的数据和指令,并将这些数据和指令预先送入 Cache。当 CPU 需要从内存读取数据或指令时,先检查 Cache 中有没有,若有就直接

从 Cache 中取出,而不用访问内存。

② DRAM(Dynamic RAM),即动态随机存取存储器,它集成度高,速度较 CPU 慢得多,通常所说的内存条即由 DRAM 芯片组成,是内存储器的主体部分,称为主存储器或主存。DRAM 用电容来存储信息,由于电容存在漏电现象,为了使信息不丢失,每隔一个固定的时间必须对存储信息刷新一次,这就是动态的含义。如果刷新周期与前端总线频率同步,则将其称为 SDRAM(Synchronous DRAM,同步动态随机存储器)。

(2) ROM(Read Only Memory),即只读存储器,意为只能从中读取数据而不能写入数据(包括不能更改、删除数据)。ROM 是非易失性存储器,关机或断电时,存储在其中的信息不会丢失。ROM 只能读不能写,一方面使得存储在其中的信息得到保护,不会因为误修改或误删除而遭到破坏,另一方面也由于存储在其中的信息不能更新修改,给使用带来了不便。人们寻找解决问题的办法,希望找到既能保护信息安全,又能方便信息更新的办法,于是产生了不可在线改写和可在线改写的两类 ROM。

4. 主存储器

主存储器具体的物理器件就是内存条,每台微机的主存储器由若干内存条组成。在大多数情况下,人们并不严格区分主存、内存和 RAM 三个不同的名称,而是根据使用场合理解其含义。

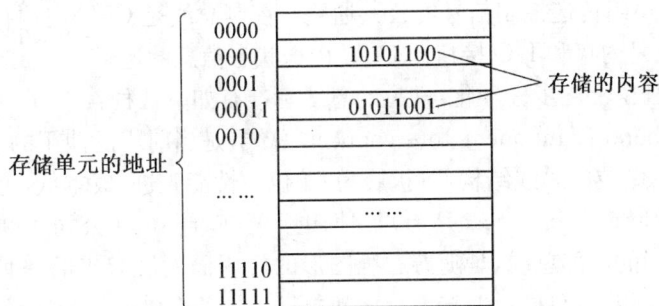

图 6-7　主存储器的结构

如图 6-7 所示,主存储器包含大量的存储单元,每个存储单元可以存放 1 个字节(8 个二进位)的数据,每个字节对应一个地址。存储器的容量就是指它所包含的存储单元的总数。内存容量的常用单位有 KB(1 KB=2^{10}B=1 024 B),MB(1 MB=2^{20}B=1 024 KB),GB(1 GB=2^{30}B=1 024 MB),其中大写字母 B 表示字节。每个存储单元都有一个地址,CPU 按地址对存储单元进行访问。

存储器的存取时间(access time)指的是从 CPU 给出存储器地址开始,到存储器读出数据并送到 CPU(或者是把 CPU 数据写入存储器)所需要的时间。这个时间单位是 ns(1 ns=10^{-9} s)。

6.2.3　微型计算机的总线与 I/O 接口

微型计算机的总线体现在硬件上就是主板,公用信号线制作在主板的印刷电路板上,控制电路集成在芯片组里。

1. 总线结构

早期的计算机采用直接连接方式,运算器、控制器、存储器、输入设备和输出设备五大部件相互之间基本上都有单独的连接线路。这样的连接方式可以获得最高的连接速度,但不易扩展。

现代计算机采用总线结构。采用总线结构对计算机的设计、生产和维护带来了许多好处。总线(bus)是计算机各部件之间传输信息的一组公用的信号线及相关控制电路。

2. 常见的总线标准

如果按照线路上传送的信号来划分,可以将总线划分为三部分:

(1) 数据总线:一组传送数据信号的公共通(线)路。数据总线的位数是计算机的一个重要性能指标,它体现了传输数据的能力,通常与 CPU 的位数相对应。数据总线是双向传输的,在连接 CPU 和内存的部分,既可以从 CPU 向内存传送数据,也可以从内存向 CPU 传送数据。在连接内存和 I/O 设备(包括外存)的部分,既可以从内存向 I/O 设备传送数据,也可以从 I/O 设备向内存传送数据。

(2) 地址总线:一组传送地址信息的公共通路。它是 CPU 向内存或 I/O 接口传送的单向总线。地址总线的位数决定了 CPU 可以直接寻址的内存范围。

(3) 控制总线:一组传送控制信号的公共通路。控制总线是 CPU 向内存和 I/O 接口发出命令信号的通道,也是内存和 I/O 接口向 CPU 传送状态信息的通道。

总线在发展过程中已逐步标准化,常见的总线标准有如下几种:

(1) PCI(Peripheral Component Interconnect)总线,是当前广泛使用的总线之一,由 Intel 公司 1991 年推出。32 位的总线结构,可扩展为 64 位。性能先进,成本低,可扩充性好。

(2) AGP(Accelerate Graphical Port)加速图形接口,是 Intel 公司 1996 年 7 月推出的。它是一种显示卡专用的局部总线,是随着三维图形的应用而发展起来的一种总线标准。它直接与主板的北桥芯片相连,在显示卡与内存之间提供了一条直接的访问途径。

(3) PCI Express(简称 PCI-E),由 Intel、AMD、DELL、IBM 等 20 多家公司于 2002 年联合推出。PCI-E 采用点对点串行连接,比起 PCI 以及更早期的计算机总线的共享并行架构,每个设备都有自己的专用连接,不需要向整个总线请求带宽,而且可以把数据传输率提高到很高的频率,达到 PCI 所不能提供的高带宽。

PCI-E 包括 X1,X4,X8,X16 等多种规格,分别包含 1,4,8,16 个传输通道,每个通道的传输速率为 250MB/s(1.0 版本),或 500MB/s(2.0 版本),或 1GB/s(3.0 版本)。PCI-E 插槽针脚数少(如图 6-8 所示),降低了 PCI-E 设备的体积和成本,还支持高级电源管理和热插拔。

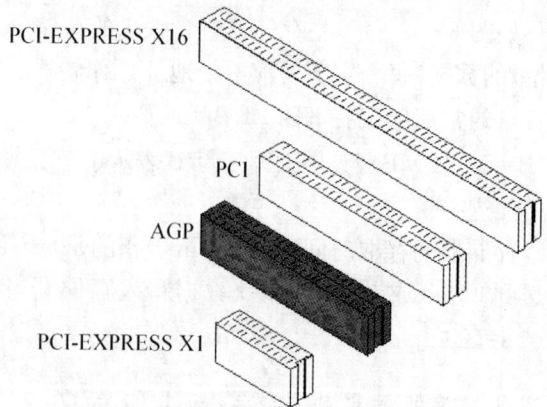

图 6-8 AGP、PCI、PCI-E 插槽的比较

3．I/O 接口

I/O 设备一般需要通过连接器实现与主机的互连,计算机中用于连接 I/O 设备的各种插头/插座以及相应的通信规程和电气特性,就称为 I/O 设备接口,简称 I/O 接口。微型计算机常用的 I/O 接口如图 6-9 所示。

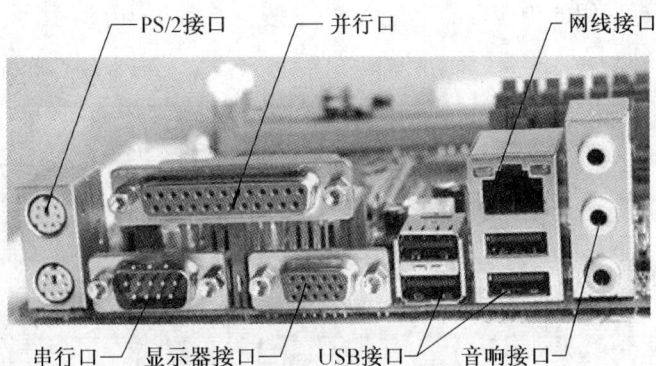

图 6-9　部分常用的 I/O 接口

I/O 接口有多种分类的方法。如果按传输方式划分,可分为串行和并行;如果按连接设备的数目划分,可以分为总线式和独占式;如果按传输速率划分,可以分为高速和低速。串行是指一位一位地传输数据,一次只传输一位,并行是指若干位(例如 8 位、16 位或 32 位)一并进行传输。总线式指可以串接多个设备,被多个设备共享,独占式指只能连接一个设备。

USB 是 Universal Serial Bus 的缩写,中文意思是通用串行总线,是一种可以连接多个设备的总线式串行接口。USB 接口符合"即插即用"规范。主机可以通过 USB 接口,向带有 USB 接口的 I/O 设备提供＋5 V,100～500 mA 的电源。因此带有 USB 接口的 I/O 设备既可以自带电源,也可以通过 USB 接口从主机获得电源。借助于"USB 集线器",一个 USB 接口理论上最多能连接 127 个设备。USB 接口的应用非常普遍,现在无论是台式机还是便携机无不具有 USB 接口,并且数码相机、MP3 播放器、U 盘、外接硬盘、扫描仪等诸多外围设备都广泛使用 USB 接口。

IEEE 1394 接口(简称 1394,又称 i. Link 或 Fire Wire,中文称为火线接口)是由苹果公司于 1987 年完成开发的串行标准,1995 年 IEEE(美国电气和电子工程师学会)将其定名为 IEEE 1394—1995 技术规范。

6.3　常用输入设备

输入设备用于向计算机输入命令、数据、文本、声音、图像和视频等信息,是计算机系统必不可少的重要组成部分。目前常用的输入设备有键盘、鼠标、摄像头、扫描仪、数码相机、光笔、游戏杆等。

6.3.1 键盘

键盘(Keyboard)是用户与计算机交流的主要输入工具,是输入文字最方便的工具。在未来相当长的一段时间内,它仍将是最重要的输入工具。目前常用的键盘有 101 键、102 键、104 键、多媒体键盘和无线键盘等多种样式。

以当前仍在广泛使用的 104 键的键盘为例,各按键如图 6-10 所示。

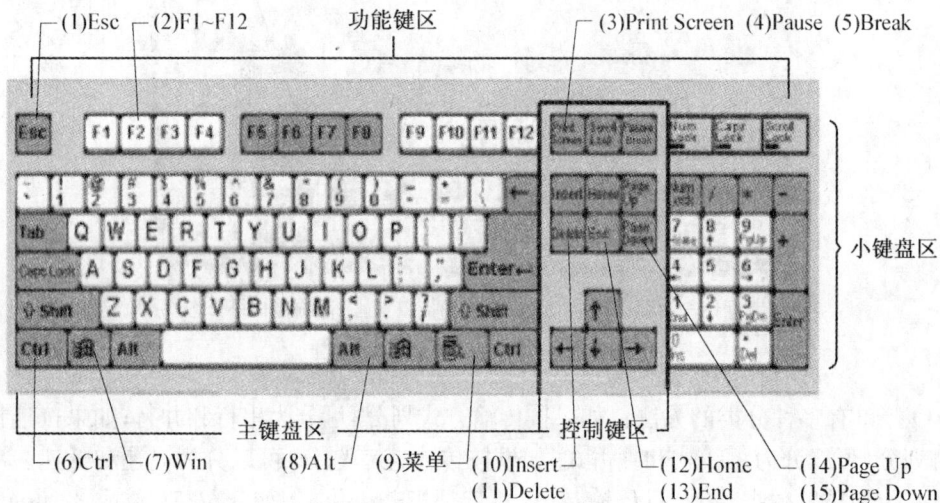

图 6-10 键盘图

键盘上的按键分为机械式和电容式两种,现在大多采用电容式的。电容式键盘具有击键声音小,无磨损,无接触不良,使用寿命长,手感好等优点。为了避免电极间进入灰尘,按键采用密封组装,键体不可拆卸。

6.3.2 鼠标器

鼠标器(Mouse)简称鼠标,其功能是控制屏幕上的鼠标箭头准确定位,并通过按键完成各种操作。它形似老鼠故得其名。由于价格低,操作简便,被广泛使用,是必不可少的输入设备。

鼠标通常有两个按键,称为左键和右键,它们的按下和松开,均会以电信号形式传送给主机。至于按键后计算机做些什么,则由正在运行的软件来决定。鼠标的中间还有一个滚轮,用来控制屏幕内容的移动,其作用与窗口右边的滚动条相同。

鼠标按结构的不同可以划分为机械鼠标、光机鼠标和光电鼠标。机械鼠标是早期的产品,现在已经被淘汰,光机鼠标仍然在不少机器上使用着,而光电鼠标以其工作速度快、精度高(分辨率可达 800 dpi,dpi 表示每英寸点数)、可靠性好、使用免维护也不需要鼠标垫等优点占据了如今的市场,是当前最流行的鼠标。

为了节省空间,笔记本电脑使用轨迹球、指点杆和触摸板等代替鼠标的功能。

6.3.3 其他输入设备

除了最常用的键盘、鼠标外,还有多种输入设备,现列举一些如下。

1. 扫描仪

扫描仪是将原稿(图片、照片、底片、书稿)的影像输入计算机的一种设备,输入到计算机的信息以图像形式存放。如果原稿是文本,扫描后经文字识别软件进行识别,便可以保存文字。扫描仪按照结构来分,可以分为手持式、平板式、胶片专用和滚筒式等几种。

2. 条码阅读器

条码阅读器是能够识别条形码的扫描装置,连接在计算机上使用。当阅读器从左向右扫描条形码时,就把不同宽窄的黑白条纹翻译成相应的编码供计算机使用。许多自选商场和图书馆都用它管理商品和图书。

3. 光学阅读器

光学阅读器是一种快速字符阅读装置。它由许许多多光电管排成一个矩阵,当光源照射被扫描的文稿时,无字的白色部分反射光线强,使光电管产生较高的电压,而有字的黑色部分反射光线弱,光电管产生较低的电压。这些高、低电压的信息组合形成一个图案,并与 OCR 系统中预先存储的模板匹配,若匹配成功就可以确认该图案是何字符。

4. 笔输入设备

随着因特网进入千家万户,微机得到了极大普及,但是使用键盘输入汉字仍是许多电脑新手的一大障碍。此外,个人数字助理(PDA)、手持式计算机(HPC)和手机等,由于体积小,也需要寻找键盘和鼠标的替代品。笔输入设备作为一种新颖的输入设备,近些年得到较快的发展,它兼有鼠标、键盘及写字笔的功能。

5. 语音输入设备

语音识别也是向计算机输入文字信息的一种重要手段。使用语音输入文本的系统也叫作"听写机"或"语音打字机"。经过几十年的努力,目前特定人连续语音的识别率已达 90% 以上。

6. 触摸屏

触摸屏将输入和输出统一到一个设备上,简化了交互过程。与传统的键盘和鼠标输入相比,触摸屏输入更为直观。配合识别软件,触摸屏还可以实现手写输入。它在公共场所或展示、查询等场合应用广泛。

7. 数码相机和数码摄像机

将数字处理和摄影、摄像技术结合的数码相机、数码摄像机,能够将所拍的照片、视频图像以数字文件的形式传送给计算机,通过专门处理软件进行编辑、保存、浏览和输出等。

8. 光笔

光笔是专门用来在显示屏上作图的输入设备。配合相应的软件,可以实现在屏幕上作图、改图和进行图像放大等操作。

6.4 常用输出设备

输出设备把各种计算结果数据或信息以数字、字符、图像、声音等形式表示出来。常用的输出设备有:显示器、打印机和绘图仪等。

6.4.1 显示器与显示卡

显示器是计算机最重要的输出设备之一,其作用是将数字信号转换为光信号,使文字、图像在屏幕上显示出来。显示器也是人机交互必不可少的设备,没有显示器,用户便无法了解计算机的处理结果和所处的工作状态,也就无法进行操作。

显示器有两种类型:显像管(CRT)显示器和液晶(LCD)显示器。与 CRT 相比,LCD 具有工作电压低、无辐射、功耗小、不闪烁、屏幕薄、重量轻等特点,适于大规模集成电路驱动,易于实现大面积画面等特点,已经广泛应用于笔记本电脑、数码相机、数码摄像机等设备,随着价格的降低,越来越多的台式计算机也选择使用 LCD 显示器。

显示器(CRT 和 LCD)的主要性能参数如下。

(1) 屏幕尺寸与宽高比:以显示屏对角线的长度来度量,目前常用的显示器尺寸有 15,17,19,22 英寸等。普通屏幕的宽度与高度之比为 4∶3,宽屏液晶显示器的宽高比为 16∶9 或 16∶10。

(2) 分辨率:分辨率是衡量显示器的重要指标,它指的是整屏最多可显示像素的个数,一般用水平分辨率×垂直分辨率来表示,例如,1 024×768,1 280×1 024,1 600×1 200,1 920×1 080,1 920×1 200 等。分辨率越高图像越清晰。

(3) 刷新速率:指所显示的图像每秒钟更新的次数。刷新速率越高,图像的稳定性越好。微机显示器的刷新速率一般在 60 Hz 以上。

(4) 颜色数目:一个像素可以显示多少种颜色,由表示这个像素的二进位位数决定。显示器的彩色由 R(红)、G(绿)、B(蓝)三基色合成,因此 R、G、B 三个基色的二进位位数之和决定了可显示颜色的数目。例如,R、G、B 分别用 8 个二进位表示,其位数之和为 24,则一个像素可显示 $2^{24} \approx 1\,680$ 万种不同的颜色。

(5) 辐射和环保:CRT 显示器产生的辐射对人体有不良影响,还会产生信息泄漏,影响信息安全。通过 MPR Ⅱ 和 TCO(由瑞典制定的电磁辐射标准)认证的显示器能防止信息泄漏和确保人身安全。达到"能源之星"(由美国环保署 EPA 提出)标准的显示器能节约电力,有利于环境保护。

显示卡分为独立显卡和集成显卡两种(集成显卡集成在主板芯片组中)。显卡由显示控制电路、绘图处理器、显示存储器和接口电路四部分组成。

6.4.2 打印机

打印机也是微型计算机的一种主要输出设备。目前使用较广的打印机有针式打印机、激光打印机和喷墨打印机三种。

1. 针式打印机

针式打印机是击打式打印机。它的打印头里安装了若干根钢针,分为 9 针、16 针、24 针等几种。钢针排列与打印纸的纸面垂直,它们靠电磁铁驱动,一根钢针一个电磁铁。当打印头沿纸横向运动时,控制电路产生的电流脉冲使电磁铁产生磁场吸动衔铁,钢针在衔铁推动下产生击打力,打在色带上,将色带上的油墨打印到纸上形成一个墨点,电流脉冲消失后钢针复位。打印完一列后,打印头平移一格,打印下一列,众多墨点构成字符或图形。

针式打印机的缺点是打印质量不高,噪声大,现已被淘汰出办公和家用打印机市场。它最突出的优点是能多层套打,在打印发票、单据等方面是其他类型打印机所不能替代的,因而在银行、商业等领域有着广泛的应用。另外,针式打印机使用的耗材成本低也是它的一个优点。

2. 激光打印机

激光打印机是一种非击打式打印机。它的工作原理如图 6-11 所示,计算机输出的"0"、"1"信号经过调制驱动电路,调制成大小不等的电压,加在激光器(激光二极管)上得到脉冲式激光束。激光束经偏转装置(棱镜)反射后聚焦到感光鼓(俗称硒鼓)。感光鼓表面涂有光电转换材料,于是计算机输出的文字或图形就以不同密度的电荷分布记录在感光鼓表面,以静电形式形成了"潜像"。感光鼓表面的这些电荷会吸附上厚度不同的炭粉,再经过温度与压力的共同作用,把炭粉固定在纸上完成打印输出。

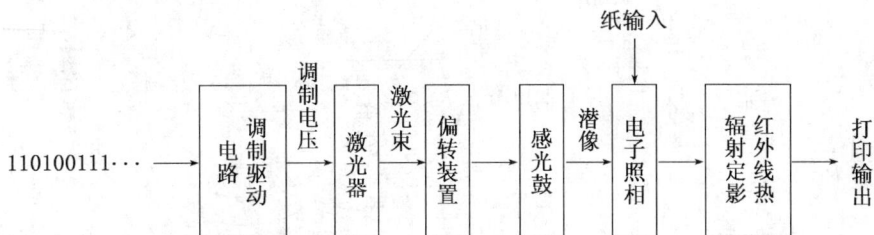

图 6-11 激光打印机的工作原理

由于激光能聚焦成很细的光点,因此激光打印机的分辨率高,打印质量好。激光打印机分为黑白和彩色两种,其中低速黑白打印机已在办公室和家庭普及,彩色激光打印机由于价格较高,适合专业用户使用。

3. 喷墨打印机

喷墨打印机也是一种非击打式打印机。它的优点是既能黑白打印,也能彩色打印,经济、低噪音、打印效果好。在彩色图像打印中,喷墨打印机已占绝对优势。

喷墨打印机在技术上可以分为压电喷墨和热喷墨两大类,关键技术是喷头。要使墨水从喷嘴中以每秒近万次的频率喷射到纸上,这对喷嘴的制造材料和工艺要求很高。对使用的耗材墨水要求也十分苛刻,要求它不伤喷头,快干且不在喷嘴处结块,色彩鲜艳不退色等,因而墨水成本高、消耗快,这是喷墨打印机的不足之处。

6.5 外存储器

6.5.1 硬盘存储器

硬盘存储器简称硬盘,是计算机最重要的外存储器,是每台计算机所必备的。

1. 硬盘的组成及工作原理

硬盘由盘片、主轴与主轴电机、移动臂、磁头和控制电路等组成,如图 6-12 所示。

盘片由铝合金或玻璃材料制成,两面都涂有很薄的磁性材料,通过磁层的磁化来记录数据。一般一块硬盘由 1～5 张盘片(每张盘片也称为 1 个单碟)组成,全都固定在主轴上。主轴底部是主轴电机,当硬盘工作时,电机带动盘片高速旋转,转速达每分钟几千甚至上万转。高速旋转的盘片带动气流将磁头托起。磁头是一个质量很轻的薄膜组件,负责数据的写入和读出。移动臂用来固定磁头(每个单碟的上下两面各有一个磁头),使它可以沿着盘片的径向高速移动,以便定位到指定的磁道。

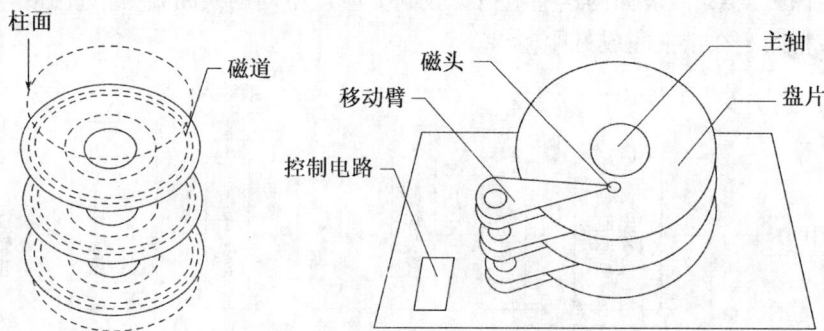

图 6-12 硬盘盘片与驱动器的组成

由于盘片高速旋转,磁头与碟片的间距很小(大约 $0.01\mu m$),且不能与盘片接触,这就要求硬盘的工作环境无灰尘、无污染。因此将硬盘的所有部件全部密封在一个盒体中。这最早是由 IBM 公司开发而成的,称之为温彻斯特(Winchester)硬盘。

盘片直径有 3.5,2.5,1.8 英寸等多种,小硬盘用在笔记本电脑或数码摄像机等设备上。盘片表面被划分为许多同心圆,称为磁道,每个盘片的每一面都有几千甚至上万个磁道。每个磁道再分为几千个扇区,每个扇区通常存储 512 字节。在由多个单碟组成的硬盘中,所有单碟上(上下两面)相同磁道的组合称为柱面,如图 6-12 所示。所以,硬盘上的一块数据要用三个参数来定位:柱面号、扇区号和磁头号。

微机使用的硬盘接口主要是 IDE 接口(称为 ATA 标准)。多年来硬盘大多采用 Ultra ATA 100 或 Ultra ATA 133 接口(并行 ATA 接口),传输速率分别为 100MB/s 和 133MB/s。近些年开始流行串行 ATA 接口(简称 SATA),它以高速串行方式传输数据,速率达到 150～300MB/s,可用来连接大量高速硬盘,且线缆大大缩减,有利机箱内散热。

2. 主要性能指标

（1）容量：硬盘容量以千兆字节（GB）为单位。目前硬盘的容量大多在 500 GB 以上，容量当然是越大越好。

（2）平均存取时间：平均存取时间由磁头的寻道时间、盘片的转速（转速越快平均等待时间越短）和数据传输速率所决定。目前，寻道和等待两部分时间大约在几毫秒至几十毫秒之间。

（3）缓存容量：理论上讲，高速缓存 Cache 越快越好，越大越好，目前硬盘 Cache 普遍已达 16 MB 或 32 MB。

（4）数据传输速率：分为外部传输速率和内部传输速率。外部传输速率指主机到硬盘 Cache 的读写速度，内部传输速率指在盘片上的读写速度。内部传输速率远小于外部传输速率，因此内部传输速率更能反映磁盘的性能。在硬盘尺寸相同的情况下，若转速相同，则单碟容量大者内部传输速率高，若单碟容量相同，则转速高者内部传输速率高。

6.5.2　移动存储器

目前广泛使用的移动存储器有移动硬盘、闪存盘、存储卡和固态硬盘等。

1. 移动硬盘

移动硬盘通常采用微型硬盘加上特制的配套硬盘盒构成，体积小、重量轻，采用 USB 接口，可随时插上计算机或从计算机上拔下，非常方便携带和使用。

2. 闪存盘

闪存盘（也称为优盘、U 盘、拇指盘）。它利用闪存（Flash Memory）在断电后还能保持存储数据不丢失的特点而制成，非常适合复制文件及数据交换等应用。由于闪存盘没有机械读写装置，避免了移动硬盘容易因碰撞、跌落等原因造成的损坏。它体积小、重量轻，通过 USB 接口即插即拔，数据保存安全可靠，使用寿命长达数年。容量大的闪存盘已达几百个 GB。闪存盘分为基本型、增强型和加密型三种。

3. 存储卡

存储卡是闪存盘做成的另一种固态存储器，形状为扁平的长方形，种类较多，如 SD 卡（包括 Mini SD 卡和 Micro SD 卡）、CF 卡、MS 卡等。它们具有与闪存盘相同的多种优点。

4. 固态硬盘

固态硬盘（Solid State Disk）也是基于半导体存储器芯片的一种外存存储设备，用来在便携式计算机中代替常规的硬盘。

固态硬盘被制作成与常规硬盘相同的外形，并采用相互兼容的接口。与常规硬盘相比，固态硬盘具有低功耗、无噪音、抗震动、低热量的特点。

固态硬盘目前最大的问题有两个：一是每百万字节成本远高于常规硬盘的成本；二是由于 Flash 存储器都有一定的写入寿命，寿命到期后数据会读不出来且很难修复。

6.5.3 光盘存储器

光盘是以光信息作为存储信息的载体来存储数据的一种物品。光盘存储器自 20 世纪 70 年代诞生以来发展迅速,形成了 CD、DVD、BD 三代光盘存储器产品。

光盘存储器由光盘和光盘驱动器两部分组成。光盘用于存储数据,其基片是耐热有机玻璃,直径大多为 120mm,也有 80mm 的小光盘。用于记录数据的是一条由里向外的连续的螺旋光道。光盘记录数据的原理是在光盘表面的螺旋光道上压制凹坑,凹坑的边缘表示"1",凹坑内及凹坑外的平坦部分都表示"0",信息的读出要使用激光束进行分辨和识别。

光盘片可以划分为 CD、DVD、DB 三类。

1. CD 光盘片

CD-ROM 盘:为只读光盘,直径 120 mm,容量为 650 MB 左右。

CD-R 盘:为可记录光盘,只能写一次。

CD-RW(CD-Rewritable)盘:为可擦写光盘,可多次读写。

单张 CD 光盘的容量为 650 MB~700 MB。

2. DVD 光盘片

DVD-ROM(DVD Versatile Disk-ROM)盘:为只读光盘。

DVD-R 盘,DVD+R 盘:为可记录光盘,只能写入一次。

DVD-RW 盘,DVD-RAM 盘,DVD+RW 盘:为可擦写光盘,可多次读写。

单张 DVD 的单面容量约为 4.7GB。

3. 蓝光光盘

蓝光光盘 BD 由索尼、飞利浦、松下等公司开发而成,是目前最先进的大容量光盘片,单层盘片的存储容量为 25 GB。

BD-ROM 盘:为只读光盘。

BD-R 盘:为可记录光盘,只能写入一次。

BD-RW 盘:为可擦写光盘,可多次读写。

习　题

1. 下列关于 CPU 结构的说法错误的是(　　)。

    A. 控制器是用来解释指令含义、控制运算器操作、记录内部状态的部件

    B. 运算器用来对数据进行各种算术运算和逻辑运算

    C. CPU 中仅仅包含运算器和控制器两部分

    D. 运算器可以有多个,如整数运算器和浮点运算器等

2. 一条计算机指令通常包括(　　)两部分。

    A. 字节和符号　　　　　　 B. 操作码和操作数

    C. 运算数和运算结果　　　 D. 运算符和运算数

3. 计算机在处理数据时,一次能直接处理的二进制数据的位数称为(　　)。

    A. 比特　　　　　　 B. 字节　　　　　　 C. 字长　　　　　　 D. 位

4. 计算机的时钟频率称为(　　),它在很大程度上决定了计算机的运算速度。

    A. 字长　　　　　　 B. 主频　　　　　　 C. 运算速度　　　　 D. 存取周期

5. 下列有关存储器叙述正确的是(　　)。

    A. CPU 既能直接访问内存,也能直接访问外存

    B. CPU 既不能直接访问内存,也不能直接访问外存

    C. CPU 只能直接访问内存中的数据,而不能直接访问存储在外存中的数据

    D. CPU 不能直接访问内存,而能直接访问外存

6. PC 主板上所能安装的主存储器最大容量、速度及存储器的类型主要取决于(　　)。

    A. CPU 主频　　 B. 芯片组　　　　 C. I/O 总线　　　 D. CPU

7. 在下列设备中,不能作为微机输出设备的是(　　)。

    A. 绘图仪　　　　　 B. 显示器　　　　　 C. 打印机　　　　　 D. 鼠标器

8. 下列叙述中,错误的是(　　)。

    A. 存储在 ROM 中的数据断电后也不会丢失

    B. 内存储器一般由 ROM 和 RAM 组成

    C. CPU 不能访问内存储器

    D. RAM 中存储的数据一旦断电就全部丢失

9. 下列几种存储器中,访问周期由快到慢的顺序是(　　)。

    A. 软盘,光盘,硬盘,内存,Cache

    B. Cache,内存,硬盘,光盘,软盘

    C. 内存,Cache,光盘,硬盘,软盘

    D. Cache,内存,光盘,硬盘,软盘

10. 下列叙述中错误的是(　　)。

    A. CD-ROM 光盘只能在 CD-ROM 驱动器中读出数据

    B. CD-ROM 光盘记录数据的光道是一条螺旋线

    C. CD-ROM 光盘的存储容量小于 DVD 光盘

    D. CD-ROM 光盘的速度没有硬盘快

第 **7** 章
计算机软件系统

7.1 计算机软件系统概述

计算机系统由两个基本部分组成,即硬件(Hardware)系统和软件(Software)系统。硬件系统也称为裸机,是构成计算机的全部物理设备的总称,软件系统则是安装在计算机上的全部软件(程序、数据和文档)的总称。硬件只能识别由 0 和 1 组成的机器指令,硬件的工作要靠软件来指挥和控制,如果没有软件,硬件就不知道做什么,因此没有安装任何软件的计算机是无法使用的。

7.1.1 软件的概念

1. 程序

什么是程序,简单地说,程序是一组指令序列。这组指令序列规定了计算机依次执行的一系列操作。每条指令所规定的操作都非常简单,执行的速度很快。大量简单的操作,按照规定的顺序连贯起来,就能完成复杂的任务。

指令是程序的最小单位,但现在几乎没有人用机器指令(即机器语言)来编写程序了,而是使用程序设计语言来编写。例如,使用汇编语言或高级语言来编写。用程序设计语言编写的程序并不是指令序列,而是程序设计语言的语句序列,这样的程序称为源程序,机器不能直接运行源程序,需要经过"翻译"程序把它翻译成指令序列,才能由机器执行。

2. 软件

软件由程序、数据和文档组成。其中程序是软件的主体,数据是程序处理的对象,文档则是指维护手册、使用指南等。

从概念上讲,软件和程序没有本质的区别。两者经常可以通用,但是也存在习惯用法上的区别。例如,人们到商店买软件,一般不说成买程序。学生在课堂上学习编程,一般也不讲成学习编软件。这反映出在人们的习惯理解中,软件是指功能完善、设计成熟、有使用价值的程序。

7.1.2　软件系统及软件分类

　　软件系统是为使用、管理和维护计算机而安装在计算机上的全部软件的总称。实际上,用户所面对的是经过若干层软件"包裹"的计算机,计算机的功能不仅取决于硬件系统,更大程度上是由所安装的软件系统所决定的。硬件系统和软件系统相互依赖,不可分割。图 7-1 反映了计算机硬件、软件、用户之间的层次关系,其中硬件处于最内层(或者说最下层),用户处于最外层(或者说最上层),而软件则是用户与硬件之间的接口,用户通过软件使用计算机。在图 7-1中,上下层之间的关系为:上层调用下层的功能,下层为上层提供服务和支撑。

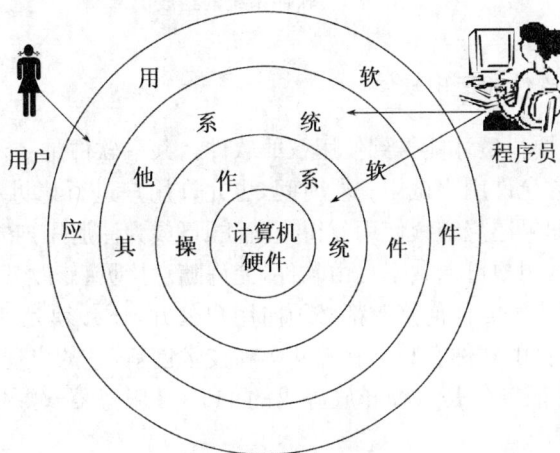

图 7-1　计算机系统的层次性

　　按照不同的原则和标准,可以将软件划分为不同的种类。如果从应用的角度来划分,大致可以分为系统软件和应用软件两大类。如果按照软件权益来划分,则可以分为商品软件、共享软件和自由软件。下面对这两种分类方法分别予以介绍。

1. 系统软件和应用软件

　　系统软件是泛指为用户使用与管理计算机提供方便,为应用程序开发与运行提供支持的一类软件。它的主要特征是与硬件的交互性很强,能对硬件资源进行统一调度、控制和管理。

　　系统软件主要包括操作系统(OS)、程序设计语言处理系统(例如 C 语言编译器或编译程序)、数据库管理系统(DBMS)、磁盘清理程序和备份程序等。

　　有部分人认为数据库管理系统(DBMS)不属于系统软件。产生分歧的原因是系统软件和应用软件并没有严格而精确的定义,两者的界限也不是截然分明。

　　应用软件泛指那些用于解决各种具体应用问题的软件,可以细分为:通用应用软件和定制应用软件。常用的通用应用软件如办公软件 Office,图像处理软件 Photoshop,电子邮件软件 Outlook 等。定制应用软件指专门为某类用户开发的应用软件,如大学的教务管理系统,民航的售票系统,超市的收银系统等。

　　综上所述,软件系统的构成可参见图 7-2。

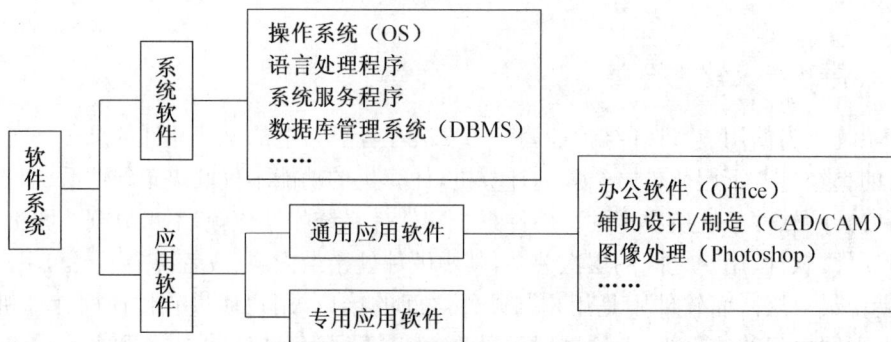

图 7 - 2　软件系统的组成

2. 商品软件、共享软件和自由软件

商品软件是用户需要付费才能得到使用权的软件。共享软件是一种"购买前免费试用"的具有版权的软件,它通常允许用户试用一段时间,也允许用户进行拷贝和散发(但不可修改后散发),但过了试用期,如果还想继续使用就得交费注册,成为注册用户才行。

自由软件的原则是:用户可以共享自由软件,允许随意拷贝、修改其源代码,允许销售和自由传播。但是对软件源代码的任何修改都必须向用户公开,还必须允许此后的用户享有进一步拷贝和修改的自由。自由软件有利于软件共享和技术创新,它的出现成就了 TCP/IP 协议、Apache 服务器(Apache 服务器是一种开放源码的 HTTP 服务器)软件和 Linux 操作系统等许多优秀软件的诞生。

7.2 操作系统

操作系统(Operation System,OS)是配置在硬件上的第一层软件,它是最重要的必不可少的系统软件,是系统软件中的核心软件,所有其他的系统软件和应用软件都依赖操作系统的支持。

7.2.1 操作系统的作用

1. 操作系统是用户与硬件系统之间的接口

操作系统处于用户与硬件之间,用户不直接操纵计算机硬件,而是通过操作系统去操纵计算机硬件,这样用户就不需要掌握操纵硬件的技术细节,为用户使用计算机提供了极大的方便。操作系统提供了两种类型的接口:一种是命令方式,用户通过操作系统命令来操纵计算机;另一种是系统调用方式,在应用程序中通过使用系统调用来操纵计算机。

2. 管理、调度计算机的各种软硬件资源

一个计算机系统中的资源主要分为四类:处理器(CPU),存储器(内存),I/O 设备,文件(程序、数据和文档)。操作系统对这四类资源进行有效的管理。

3. 扩充硬件的功能,为应用程序的开发和运行提供高效率的平台

对于一台完全没有软件的计算机,即使其硬件配置再高,由于无法使用,也不能发挥它的作用。当给裸机覆盖上一层操作系统后,呈现在用户面前的是一台功能大大扩充了的"虚拟计算机",操作系统屏蔽了物理设备的技术细节,它以规范、高效的方式向应用程序提供支持,从而为应用程序的开发和运行提供高效率的平台。

7.2.2　进程(任务)和线程

本小节介绍操作系统中几个很重要的概念。

1. 进程(任务)

进程(Process)是操作系统中的一个核心概念,进程是程序的一次执行过程,是系统进行调度和资源分配的一个独立单位。简单地说,就是一个正在执行的程序。一个程序被加载到内存,系统就创建了一个进程,程序运行结束后,该进程也就消亡了。有时候进程又称为任务。正在运行的进程可通过 Windows 任务管理器查看及结束。

在 Windows 任务栏空白处右击,选【启动任务管理器】,如图 7 - 3 所示。借助于"Windows 任务管理器"可以随时了解系统中哪些任务正在运行,分别处于什么状态,CPU 的使用率是多少,存储器的使用情况,等等。

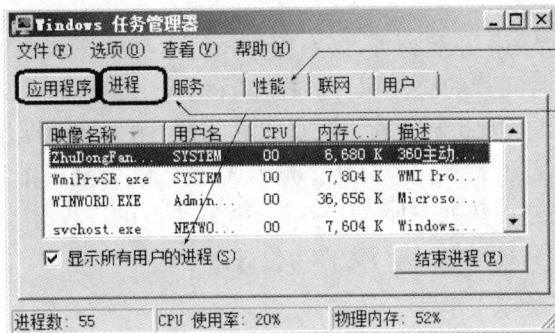

图 7 - 3　Windows 任务管理器

作业是程序被选中到运行结束并再次成为程序的整个过程。从作业的概念可以看出,所有的作业都是程序,但并不是所有的程序都是作业。作业在进入内存运行之前(处于等待运行的状态)只是程序而不是进程,进入内存运行时作业成为进程。所以,所有的进程都是作业,但不是所有的作业都是进程。

2. 线程

为了更好地实现并发处理和共享资源,提高 CPU 的利用率,目前许多操作系统把进程细分为线程(Threads)。在多线程操作系统中,通常在一个进程中包括多个线程,每个线程都作为利用 CPU 的基本单位,是花费最小开销的实体。线程不需要分配资源,它属于某个进程,与进程内的其他线程一起共享进程的资源。

7.2.3 操作系统的功能

操作系统管理的核心是资源管理,操作系统至少具有以下四种功能:处理器(CPU)管理、内存管理、文件管理、设备管理。

1. 处理器(CPU)管理

处理器(CPU)是执行程序的唯一部件,是计算机中最宝贵的核心硬件资源,管理好 CPU,提高 CPU 的利用率,是操作系统的核心任务。为了提高 CPU 的利用率,操作系统一般都支持多个程序同时运行(即并发执行),这被称为多任务处理。这里所说的任务就是进程,指正在运行的一个应用程序。

多任务处理的基本原理是分时,就是将 CPU 时间划分为很短的时间片(毫秒量级),采用按时间片轮流为各个任务服务的办法实现多任务并发执行。从宏观上看这些任务是并发的,从微观上看它们是轮流执行的,任何时刻只有一个任务正在被 CPU 执行(如果是双核 CPU 则可以同时有两个任务分别被两个内核执行),只要时间片一结束,不论任务有多重要也不论执行到什么地方,正在执行的任务都被强行暂时中止,调度程序将 CPU 交给下一个任务。

当多个任务并发执行时,在同一时刻只能有一个任务可以接收用户输入的信息,这个任务称为前台任务,其余的都称为后台任务。如果要向某个后台任务输入信息,必须先将它切换为前台任务,然后才能向它输入信息。当然,不论是前台任务还是后台任务都同样得到 CPU 时间片的服务。

计算机内除了用户的若干个应用程序正在运行外,还有操作系统本身的许多进程在和用户应用程序一起运行,一起接受 CPU 时间片的轮流服务。操作系统采用某种算法来调度进程,不同的操作系统采用的算法未必相同,因此调度的方法也未必相同,例如有的操作系统属于抢占式多任务,有的操作系统属于非抢占式多任务。所谓抢占式多任务,就是操作系统对每个进程都设置了优先级,当轮流执行的进程队列中加入了一个优先级更高的进程时,它优先获得 CPU 的执行时间,这种打乱原有队列秩序的插队行为称为抢占。

2. 内存管理

内存储器也是珍贵的硬件资源,尽管内存的容量在不断扩大,但仍然时常显得捉襟见肘,特别是在多任务处理的情况下要求内存能被多个任务共享,如何对内存进行有效的管理,不仅直接影响到存储器的利用率,而且影响计算机的系统性能。因此内存管理是操作系统的一项非常重要的任务。存储器管理的任务主要是内存空间的分配、回收、保护和扩充,在多任务处理时实现多道任务共享内存空间。

内存空间的分配就是为每个运行的程序(包括用户应用程序、操作系统及其他系统软件的程序)分配内存空间,使它们各得一块专用的内存区域,提高存储器的利用率。当程序运行结束时,收回分配给它们的内存空间。

内存保护的任务是确保每个用户程序都在自己的内存空间中运行,互不干扰,绝不允许用户程序访问操作系统程序和数据所专用的内存空间,也不允许任务转移到非共享的其他用户程序的专用内存空间中去执行。

内存的扩充是指 OS 采用虚拟存储技术进行存储器管理,其基本思想是将程序划分为若干大小固定的"页"，在启动任务向内存装入程序和数据时，只将当前要执行的一部分"页"装入内存，其余的"页"则放在硬盘上的虚拟内存中。当程序执行到出现了所需的指令或数据不在物理内存中时（称为缺页），就表示需要调入新的"页"了，这时操作系统存储器管理程序就会从物理内存中将暂时不用的"页"存回到硬盘上的虚拟内存中去，同时从硬盘上的虚拟内存中将所需的"页"调入物理内存，使程序继续执行。从用户的角度看系统所具有的内存比实际的内存要大得多，所以称之为虚拟内存。虚拟内存实际上是由物理内存和硬盘上的虚拟内存两部分组成的。

3. 文件管理

计算机外存储器上存储着大量信息（程序和数据）。如何对这些信息进行统一、高效的管理，实现信息资源的共享与保护，就是操作系统文件管理（也称为信息管理）的任务。这里提到"文件"这个概念。

（1）文件的基本概念。

文件是操作系统管理的基本单位，即操作系统是以文件为单位进行存取（读写）操作的。不论是程序还是数据只要是存储在外存储器上的都称为文件。

每个文件都有唯一的文件名，它是文件的标识符，操作系统就是按文件名进行存取操作的。文件名由主文件名和扩展名两部分组成，两部分之间用圆点符"."隔开。文件名可以由数字、字母（汉字）、符号组成，但不得包含下列符号 \、/、：、*、?、"、＜、＞、|。文件名的长度有一定限制，例如 Windows 规定文件名的总长度不超过 255 字符，在实际使用中太长的文件名不方便，用户在命名主文件名时应选择有意义的词或短语，以帮助记忆。扩展名一般表示文件所属的类型。

文件由文件说明信息和文件内容两部分组成。文件说明信息包括文件名，扩展名（文件类型），文件存放的物理位置，文件的大小，文件的属性（系统、隐藏、只读、存档等），文件的时间等，文件说明信息特别是文件属性在文件管理中有重要作用。文件说明信息存放在外存的文件目录中，文件内容则存放在外存储器的数据区中。

（2）文件目录（文件夹）。

OS 将存放在外存储器上的文件组织在若干文件目录中，在 Windows 中将目录称为文件夹。目录采用多级层次式结构，也称为树形结构。以磁盘为例，每个磁盘（或磁盘分区）是一个根目录（根文件夹），它包含若干子目录（子文件夹）和文件，子目录中又可包含若干下一级的子目录和文件，这样依次类推就形成了多级文件目录结构。

使用文件目录（文件夹）为文件的共享和保护提供了方便，使用多级文件目录可以将不同类别的文件分类存储，为查找文件提供了方便，并且允许在不同的文件目录中的文件使用相同的文件名，而在同一个目录中则不允许有相同的文件名。

文件目录（文件夹）也有说明信息，它包括文件目录名（文件夹名）、存放位置、大小、创建时间、属性（存档、只读、隐藏等）。

（3）文件管理的任务。

文件管理的主要任务是在外存储器上为创建（或保存）的文件和文件夹分配外存空间，回收已删除文件和文件夹的存储空间，对尚未使用的空间进行管理。这些任务由操作系统中的文件管理程序完成，由于外存储器设备的多样化，操作系统中备有多种文件管理程序，以 Windows 为例,硬盘采用 FAT32 或更先进的 NTFS 文件管理程序,光盘(CD-ROM)采用 CDFS 文件管理程序。

4. 设备管理

设备管理的主要任务是完成用户提出的 I/O 请求,为用户分配 I/O 设备,提高 CPU 和 I/O设备的利用率,提高 I/O 速度,以及方便用户使用 I/O 设备。为了尽可能发挥 CPU 和 I/O 设备的并行工作能力,设备管理一般采用通道技术和缓冲技术。由于 I/O 设备种类繁多, 操作方法各不相同,设备管理程序为用户提供了一个统一的界面,使用户不必关心具体的设备 特征,而只需关心输入或输出的内容。

5. 用户接口

操作系统提供了用户与操作系统的接口(简称用户接口),用来实现用户向计算机下命令、 应用程序调用系统功能的操作。用户接口分为两个层次,一个是作业级接口,另一个是程序级 接口。

作业级接口就是用户界面。程序级接口是用户程序取得 OS 服务的唯一途径。它由一组 系统调用组成,每个系统调用都是一个能完成特定功能的子程序,这些子程序以函数的形式提 供。程序级的接口是系统函数,应用程序通过使用系统函数来调用系统功能。

7.2.4 操作系统的类型

1. 批处理操作系统

批处理 OS 的发展经历了两个阶段,第一个阶段是单道批处理系统,第二个阶段是多道批 处理系统。多道批处理系统是多任务 OS。

2. 分时操作系统

分时操作系统是指在一台主机上连接了多个近程的或远程的带有显示器和键盘的终端, 允许多个用户共享主机中的资源,每个用户通过自己的终端以交互方式使用计算机。分时的 原理是让每个程序只运行一个很短的时间片(例如 0.1 s),然后暂停该作业的运行并立即调度 下一个程序运行,这样,在不长的时间内所有用户的作业都执行了一个时间片。分时系统是多 用户 OS,CPU 轮流为多个用户服务,但是却能给每个用户"独占计算机"的感觉。

3. 实时操作系统

在某些应用领域,要求计算机对数据进行迅速处理。例如,化工生产自动化、导弹的飞行 控制系统等。这种有响应时间要求的快速处理过程叫作实时处理过程,对响应时间的要求视 具体的应用系统而定,有的是秒级,有的是毫秒级或微秒级,于是出现了实时操作系统。配置 了实时操作系统的计算机系统称为实时系统,按其使用方式分为两类:一类是实时控制系统, 用于如上所说的生产、导弹飞行等的过程控制;另一类是实时信息系统,用于飞机票、火车票自 动订购系统,银行业务系统等。

顺便说明,批处理系统、分时系统和实时系统是三种基本的操作系统类型,而一个实际的操作系统可能兼有三种或其中的两种功能。

4. 单用户单任务操作系统

单用户单任务的含义是，只允许一个用户上机，且同一时间只能运行一个任务。这是一种最简单的微机操作系统，代表是 MS-DOS 和 CP/M。

5. 单用户多任务操作系统

单用户多任务的含义是，只允许一个用户上机，但允许该用户启动多个任务，并发执行，最有代表性的是 Windows。

6. 网络操作系统

网络服务器上要配置网络服务器操作系统，联网的 PC 上的 OS 要具备联网功能。网络服务器操作系统应具备以下主要功能：网络通信功能，资源的管理功能，网络服务功能，网络管理功能。

UNIX 和 Linux 是大中型网络上最常用的服务器操作系统，Windows Server 常用作小型网络的服务器操作系统。目前配置在 PC 上的微机操作系统都具备联网功能。

7.2.5　常用操作系统介绍

在操作系统的发展过程中各个公司开发出许多操作系统产品，本小节简单介绍其中几种常用的操作系统。

1. DOS(MS-DOS)

DOS 是微软公司第一款操作系统。DOS 曾经广泛地应用在 PC 上，对于计算机的应用和普及做出了很大的贡献。DOS 采用命令行用户界面，用户需要掌握命令词的拼写及参数的格式，使用不够方便。DOS 对硬件的要求低，存储能力有限，现已被 Windows 替代。

2. Windows

Windows 是微软公司开发的广泛使用在个人计算机上的单用户多任务操作系统，微软公司从 1983 年开始研发 Windows，现已有众多种版本面世，如表 7-1 所示。

表 7-1　Windows 版本的演变

年份	版本	年份	版本
1985	Windows 1.0	2003	Windows 2003
1987	Windows 2.0	2005	Windows Vista
1990	Windows 3.0	2009	Windows 7
…	…	2012	Windows 8
2001	Windows XP		

Windows 95 之前的版本必须运行于 MS-DOS 上，因此并不是严格意义上的操作系统，从

95 版开始,Windows 可以独立运行而无需 DOS 支持。每个新版本都在原有版本的基础上对功能和安全性等进行了改进。

Windows8 是微软的最新产品,系统独特的 metro 开始界面和触控式交互系统,旨在让人们的日常电脑操作更加简单和快捷,为人们提供更高效易行的工作环境。

Windows 也有不少服务器版本,例如 Windows NT Server 4.0,Windows 2000 Server,Windows 2000 Advanced Server,Windows 2000 Data Center Server 等。Windows 的各种服务器版本常常配置在小型网络的服务器上。

3. UNIX

UNIX 的特色主要体现为结构简练、功能强大、可移植性好、可伸缩性和互操作性强、网络通信功能丰富、安全可靠等。UNIX 是多用户、多任务、可移植的操作系统,主要用在巨型机、大型机上作为网络操作系统使用,也可用于工作站和个人计算机。几十年来 UNIX 一直是使用最广泛、影响最大的主流操作系统之一。

4. Linux

Linux 是从 UNIX 发展起来的,其内核经过不断的修改,逐步成长为全面的操作系统,具有 UNIX 的所有特性。主要用在巨型机、大型机上作为网络操作系统使用,也可用于工作站和个人计算机。Linux 是一个源代码公开的自由软件。

5. Mac OS

Mac OS 是在苹果公司的操作系统。它是最早成功的基于图形用户界面的 OS,具有较强的图形处理能力,广泛应用于平面出版和多媒体应用等领域。Mac OS 与 Windows 不兼容,因而影响了它的普及。

7.3 计算机语言及其处理系统

语言是交流的工具,人与人之间交流使用自然语言,例如汉语、英语等。人与机器的交流,或者说人要让计算机完成某项任务,也需要一种语言,这就是计算机语言。计算机语言是人能使用、计算机能理解(或经过一定的处理后能理解)的语言。

7.3.1 程序设计语言分类

计算机语言按其级别可以划分为机器语言(低级语言)、汇编语言(低级语言)和高级语言。

1. 机器语言

机器语言就是计算机的指令系统,它是计算机唯一能理解的语言。机器语言的优点是编写的程序可以被计算机直接执行。由于不同类型的计算机其指令系统可能不相同,因此在一种类型计算机上编写的程序,在另一种类型的计算机上可能不能运行,这种情况称为可移植性差,或者说通用性差,这是机器语言的一个缺点。由于机器语言程序全部采用二进制(十六进制)代码编制,人们很难记忆和理解,也很难进行修改和维护,这是机器语言的又一个缺点,现在已基本上不直接用机器语言编写程序了。

2. 汇编语言

汇编语言对机器语言进行了改进,它使用助记符来代替机器指令的操作码和操作数,例如用 ADD 表示加法,MOV 表示传送数据等,操作数使用十进制数。这些改进使得汇编语言比机器语言容易记忆和理解,但仍不够直观和简便。由于汇编语言与机器指令有一一对应关系,所以汇编语言也有可移植性差的缺点。另外,计算机是不认识助记符的,因而汇编语言编写的程序不能被计算机直接执行,它需要经过特殊程序将汇编语言代码翻译成机器指令代码,然后才能由计算机执行。

3. 高级语言

为了进一步提高编程效率,出现了高级语言。高级语言具有通用性,在一定程度上与机器无关。必须指出,高级语言虽然接近自然语言,但两者仍有很大的差距,这主要表现在高级语言具有严格的语法规则和语义规则,没有二义性。高级语言编写的程序,计算机不能直接执行,它需要经过特殊程序将高级语言代码翻译成机器指令代码,然后才能由计算机执行。

举一个简单的例子,若要计算 987－(456＋123)的值,分别用机器语言、汇编语言和高级语言来编写程序,三种语言编写的程序如表 7－2 所示。

表 7－2　三种语言编写的 987－(456＋123)的程序

机器语言程序 (十六进制)	汇编语言程序	高级语言程序	汇编语言程序的语义
B8　C8　01 BB　7B　00 　03　DB B8　DB　03 2B　C3	MOV　AX　456 MOV　BX　123 ADD　BX　AX MOV　AX　987 SUB　AX　BX	S＝987－(456＋123)	将 456 传送到 AX 将 123 传送到 BX BX 加 AX,结果存 BX 将 987 传送到 AX AX 减 BX,结果存 AX

从表 7－2 容易看出,用高级语言编写的程序只有一行代码。很显然,高级语言的编程效率最高,最易懂,最接近人的自然语言。顺便指出,表 7－2 中的 AX、BX 都是 CPU 中的寄存器。

在表 7－2 中,机器语言程序采用了十六进制数,这是人们为了书写方便而这样做的,在机器内部机器指令只能是二进制代码。

7.3.2　程序设计语言处理系统

除了机器语言程序外,其他程序设计语言编写的程序都不能直接在计算机上执行,需要经过特殊程序处理。负责完成处理任务的特殊程序有汇编程序、解释程序、编译程序,它们统称为语言处理系统。被处理的程序称为源程序,处理后得到的程序称为目标程序。

1. 汇编程序

将汇编语言编写的源程序翻译成机器语言的目标程序,翻译的过程称为汇编过程。其过程如图 7-4 所示。

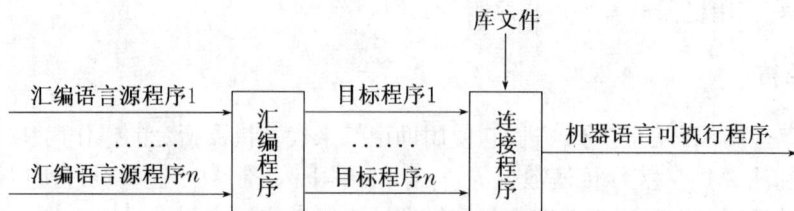

图 7-4 汇编语言源程序经过汇编和连接生成可执行程序

2. 解释程序

将高级语言编写的源程序逐句翻译,并且翻译一句执行一句,直至程序执行完毕。解释程序的处理方法相当于"口译",不产生目标程序。

3. 编译程序

将高级语言编写的源程序翻译成机器语言的目标程序,并保存在外存储器上,可供多次执行,编译程序的处理方法相当于"笔译"。其编译过程如图 7-5 所示。

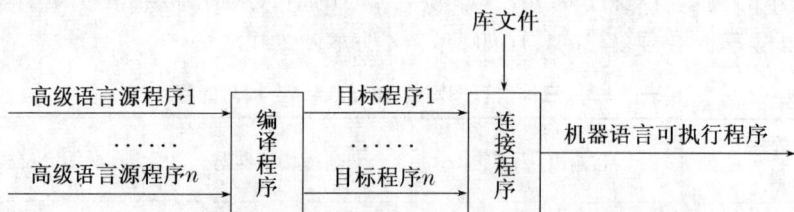

图 7-5 高级语言源程序经过编译和连接生成可执行程序

习 题

1. 计算机系统的组成包括(   )。

   A. 主机和应用软件   B. 微处理器和系统软件

   C. 硬件系统和应用软件   D. 硬件系统和软件系统

2. 计算机软件系统分为(   )两大类。

   A. 系统软件和应用软件   B. 操作系统和应用软件

   C. 操作系统和服务程序   D. 服务程序和语言处理程序

3. 以下关于中文 Windows 系统文件管理的叙述中,错误的是(   )。

   A. 文件夹的名字可以用英文或中文

   B. 文件的属性若是"系统",则表示该文件与操作系统有关

   C. 根文件夹(根目录)中只能存放文件夹,不能存放文件

   D. 子文件夹中既可以存放文件,也可以存放文件夹,从而构成树形的目录结构

4. 下列关于操作系统任务管理的说法中,错误的是(   )。

   A. Windows 操作系统支持多任务处理

   B. 多任务处理是指将 CPU 时间划分成时间片,轮流为多个任务服务

   C. 并行处理技术可以让多个 CPU 同时工作,提高计算机系统的效率

   D. 多任务处理要求计算机必须配有多个 CPU

5. 操作系统具有存储管理功能,它可以自动扩充内存容量,为用户提供一个容量比实际内存大得多的存储空间,所采用的技术是(   )。

   A. 缓冲区技术   B. Cache 技术   C. 虚拟存储器技术   D. 排队技术

6. 工厂(企业)的仓库管理软件属于(   )。

   A. 系统软件   B. 服务程序   C. 应用软件   D. 字处理软件

7. Basic 语言处理程序属于(   )。

   A. 操作系统   B. 系统软件   C. 应用系统   D. 管理系统

8. 计算机能直接识别和执行的语言是(   )。

   A. 操作语言   B. 汇编语言   C. 机器语言   D. 符号语言

9. 以下不属于高级语言的是(   )。

   A. FORTRAN   B. Pascal   C. C++   D. UNIX

10. 下列关于解释程序和编译程序的描述,正确的是(   )。

   A. 编译程序不能产生目标程序,而解释程序能

   B. 编译程序和解释程序均不能产生目标程序

   C. 编译程序能产生目标程序,而解释程序则不能

   D. 编译程序和解释程序均能产生目标程序

11. 下列软件产品都属于数据库管理系统软件的是(   )。

   A. FoxPro,SQL Server,FORTRAN   B. SQL Server,Access,Excel

   C. ORACLE,SQL Server,FoxPro   D. UNIX,Access,SQL Server

第 **8** 章

计算机网络及因特网

随着信息时代的到来,计算机网络技术发展迅速,因特网技术广泛应用,对人们的学习、生活和工作等产生了很大的影响。本章讲解计算机网络的相关知识、因特网基础及因特网应用等相关内容。

8.1 计算机网络基础

8.1.1 计算机网络的定义

计算机网络是利用通信设备和网络软件,将地理位置分散且具有独立功能的多台计算机(包括其他终端设备)连接起来,以实现软硬件资源的共享和数据通信为目的的一个系统。

计算机网络的构成必须具备三个要素:

(1) 由多台(至少 2 台)位置不同而功能独立的计算机组成。这里的计算机可以是各种类型的计算机,大到巨型机,小到台式机、笔记本,还可以是一些智能终端设备,如手机、PDA 等。

(2) 计算机之间由通信设备和线路连接在一起。数据的传输需要物理传输介质。

(3) 计算机之间具有资源共享和数据通信的能力。这需要遵循一致的通信规则,如通信协议、体系标准等。

从计算机两大功能(数据通信和资源共享)的角度看,计算机网络是由资源子网和通信子网组成的一个系统,如图 8-1 所示。

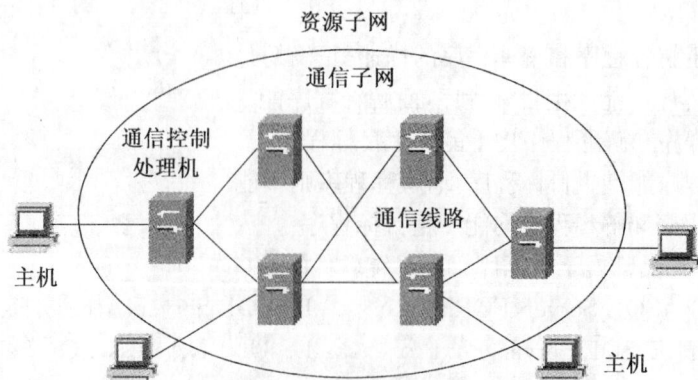

图 8-1 资源子网和通信子网

1. 资源子网

资源子网又称数据处理子网,主要负责全网的数据处理业务,向网络用户提供各种网络资源和网站服务,主要由计算机、各种终端和各种软件资源组成,实现硬件和软件资源的共享。

2. 通信子网

通信子网又称数据通信子网,主要由通信控制处理机(又称为网络结点)、通信链路和通信线路组成,实现主机间的数据传输。

8.1.2 计算机网络的功能

计算机网络具有数据传输、资源共享、集中管理、分布式处理、均衡负载和各种信息服务等功能,数据传输和资源共享是计算机网络的重要功能。

1. 数据传输

数据传输是计算机网络的基本功能之一,用以实现地理位置不同的计算机之间和终端设备之间的通信、数据传递和各种信息传递。例如各种聊天工具(QQ、MSN、阿里旺旺、网易泡泡等)、电子邮件,GPRS,网络电视,视频会议,3G 手机无线上网、浏览网页等。

2. 资源共享

网络中计算机数量巨大,不同计算机拥有不同的资源,这里的资源是指网络中的任意资源,如各种软件、硬件以及数据等。只要对方允许,用户可以无限地使用对方机器的资源,而不必考虑对方所在的地理位置。例如,办公室组建局域网可以共享一台打印机(硬件)而不必每一台机器装备一台打印机,从网站下载各种应用软件、游戏、歌曲以及电影等资源。

3. 集中管理

使用计算机网络,可以利用服务器统一管理分布于不同地理位置的计算机或终端设备。例如,银行网络管理系统负责不同地方的 ATM 机和刷卡机的信息管理。

4. 分布式处理

在计算机网络中,对于综合性的大型问题,可以采用合适的算法将任务分散到不同的计算机上进行分布处理。

8.1.3 计算机网络的分类

计算机网络的分类有许多种方法,按网络的覆盖范围可分为局域网、城域网和广域网;按拓扑结构可以分为星形网、环形网、总线型和网状形;按传输介质可分为双绞线网、同轴电缆网、光纤网及卫星网等;按传输宽带可分为基带网和宽带网等。

1. 按网络覆盖的范围划分

可以将计算机网络分为三种:局域网、城域网和广域网。

(1) 局域网(Local Area Network,LAN)。局域网用于将有限范围内(如一个办公室、一栋大楼、一个学校、一个单位等)的各种计算机和终端使用专线连接在一起组建网络,有效范围一般在几千米以内。它的网络特点是传输速率高(10 Mbps～10 Gbps)、误码率低(10^{-8}～10^{-11})、组网方便、成本低等。常用的如学校的校园网、企业的企业内部网,单位拥有自主的管理权,主要以网络的资源共享为目的。

(2) 城域网(Metropolitan Area Network,MAN)。城域网的地理范围介于局域网和广域网之间,城域网是在一个城市范围内组建的网络,其作用范围 5～50 km。城域网的设计目的在于满足几十米内的大量企业、机关、公司等的多个局域网互联的需求,实现大量用户间的数据、语音、图形与视频等多种信息的传输功能。

(3) 广域网(Wide Area Network,WAN)。广域网的地理范围比较大,从几十千米到几千千米,覆盖范围可以是一个国家或地区,或横跨几个洲,所以又称为远程网。广域网包括很多子网,这些子网可以是局域网,也可以是一台主机或终端设备等。广域网的特点是地理范围大,传输速率比局域网慢。随着以光纤为介质的新型高速广域网的发展,广域网可以提供 Gbps 级的传输速率。

2. 按拓扑结构划分

常见的拓扑结构有总线型、星形、环形、树形以及网状形等几种。前三种是常见的有规则的拓扑结构。

(1) 总线型网络(Bus Network)结构。在总线型拓扑结构中,网络中的所有节点都直接连接到同一条传输介质上,这条传输介质称为总线,如图 8-2 所示。总线型拓扑结构采用广播式传输信号,总线上的任意一台主机都是平等的,一次只允许一个节点发送数据,其他节点只能处于接收状态。总线结构的网络简单、便宜,容易安装、拆卸和扩充,当某个工作点出现故障时不会造成整个网络的瘫痪,可靠性高。

(2) 星形网络(Star Network)结构。多个节点连接在一个中心点上构成的网络成为星形网络,如图 8-3 所示。在星形网络结构中,任何两个节点的通信都要通过中间节点来进行,中心节点既要负责数据处理,又要负责数据交换,是网络的控制中心,一旦出现故障,就会引起整个网络的瘫痪,故可靠性较差。此外,通信线路成本比较高。由于星形结构具有简单、易于实现和管理等优点,中心节点也被高性能的集线器和交换机所替代,星形网络使用非常普遍。典型的是星形以太网。

(3) 环形网络(Ring Network)结构。环形结构中的各节点是连接在一条首尾相连的闭合环形线路中的,故称为环形网络结构,如图 8-4 所示。环形网络中的信息传递是单向的,即沿一特定方向从一个节点传递到另一个节点。环形网络的优点是结构简单,缺点是当节点过多时,影响传输效率,其次,环中任意一个节点的故障可能造成整个网络的瘫痪,所以可靠性不高。

(4) 树形网络结构。树形网络结构中的每个节点都有一定的层次,像树一样有分支、子节点和叶子,形状如同倒立的一棵树,如图 8-5 所示。树形结构可以看作星形拓扑结构的一种扩充。如整个校园网的建设是由不同层次的交换机和节点组成的树状网络。

(5) 网状网络结构。网状结构主要用于广域网,节点间的连接没有规律,形成一张如同网状的结构。这种结构的网络可靠性高,稳定性好,但是结构复杂,管理难度大。

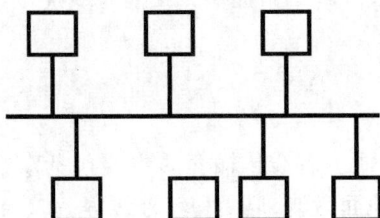

图 8-2 总线型拓扑结构

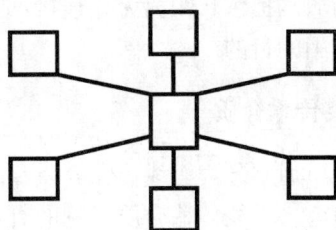

图 8-3 星形拓扑结构

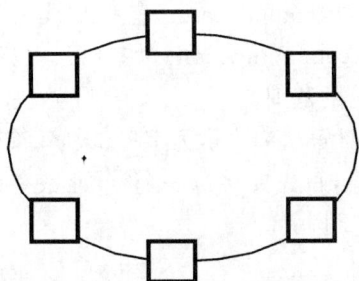

图 8-4 环形拓扑结构

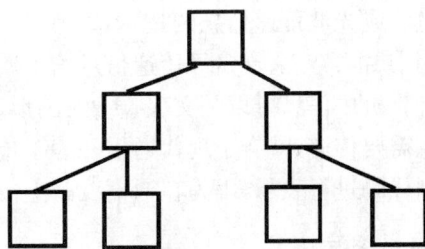

图 8-5 树形拓扑结构

8.1.4 计算机网络的组成

计算机网络系统由网络软件和硬件设备两部分组成。

网络硬件主要包括各种计算机和终端设备、通信设备和传输介质等。

1. 常用的网络硬件设备

（1）中继器（Repeater）。中继器是物理层上的互连设备，适用于物理层协议完全相同的两类网络的互连，主要功能是通过对数据信号的重新发送或者转发，来扩大网络传输的距离，所以又称为转发器。简单地说，中继器从一个网络电缆接收信号，放大后将其送入下一个电缆。

（2）集线器（HUB）。集线器的主要功能是对接收到的信号进行再生整形放大，以扩大网络的传输距离，同时把所有节点集中在以它为中心的节点上。

（3）网桥（Bridge）。网桥是数据链路层上的互连设备，主要功能是将网络进行分段，用来连接多个网段。

（4）交换机（Switch）。交换机是一种用于电信号转发的网络设备，它可以为接入交换机的任意两个网络节点提供独享的电信号通路。交换机是一种基于 MAC 地址识别、能完成封装转发数据包功能的网络设备。

（5）路由器（Router）。路由器是工作在网络层上的互连设备，是用于连接异构网络的基本设备。路由器是网络层上的连接，广泛应用于各局域网、广域网。它是互联网的"交通警察"，会根据信道的不同情况自动选择和择定路径，以最佳路径进行数据的传递。路径的选择和信息包的交换是路由器的主要任务。

（6）无线网络接入点（Access Point，AP），简称无线接入点。它的主要作用有两个：其一，作为无线局域网的中心点，供其他装有无线网卡的计算机通过它接入该无线局域网。其二，通过对无线局域网提供长距离无线连接,或对小型无线局域网络提供长距离有线连接,从而达到伸延网络范围的目的。

2. 网络传输介质

传输介质通常分为有线传输介质和无线传输介质。有线传输介质主要包括双绞线、同轴电缆和光缆等。无线传输介质常见的有短波、无线地面微波、卫星和红外线等。

8.1.5 数据通信

从广义的角度来说,各种信息的传递均可称为通信(Communication)。但现代通信指的是使用电波或光波传递信息的技术,通常称为电信(Telecommunication),如电报、电话、传真等。利用书、报、杂志、光盘等传递信息均不属于现代通信的范围。

在计算机中信息可以是文字、声音、图形、图像等,在计算机内表示为字母、数字、符号的组合。信息需要传递,就有了现代通信。为了传输这些信息,首先要将每一个字母、数字或符号用二进制代码进行表示,因为在通信线路上传输的都是二进制代码。

1. 常用术语

下面介绍数据通信中几个常用的术语。

(1) 模拟信号和数字信号。

通信的目的是传输数据,信号是数据的表现形式。对于数据通信技术来讲,它要研究的是如何将表示各类信息的二进制比特序列通过传输媒介在不同计算机之间传输。信号可以分为模拟信号和数字信号。模拟信号是一种连续变化的信号,如电话线上传输的按照声音强弱幅度连续变化所产生的电信号,就是一种典型的模拟信号,可以用连续的电波表示。数字信号是一种离散的脉冲序列,计算机产生的电信号用两种不同的电平来表示 0 和 1。

(2) 信号和信道。

信号(Signal)是传输介质上携带的信息,在通信系统中常用电信号、光信号、载波信号、脉冲信号、调制信号等描述。信号也有模拟信号和数字信号两种基本形式。

信道(Channel)是指发送设备和接收设备之间用于传输信号的介质,即传输信号的必经之路。根据传输媒介的不同,信道可分为有线信道和无线信道两类。常见的有线信道包括双绞线、同轴电缆、光缆等。无线信道有地波、短波、微波、红外线、人造卫星等。

(3) 数据传输速率。

简称数据速率,指实际进行数据传输时单位时间内传送的二进位数目,通常采用"千位/秒"(kbps)、"兆位/秒"(Mbps)或"千兆位/秒"(Gbps)等作为计量单位。其中:

$$1 \text{ kbps} = 10^3 \text{ bps}, 1 \text{ Mbps} = 10^3 \text{ kbps}, 1 \text{ Gbps} = 10^3 \text{ Mbps}$$

在计算机网络技术中,信道带宽简称为"带宽",带宽与数据传输速率是紧密相关的两个概念。在实际应用中,带宽总是直接用来描述通信信道的数据传输速率,因为带宽和数据传输速率之间存在着明确的对应关系。一般来说,信道的带宽越大,信道的容量也就越大,相应的数据传输速率也越高。

(4) 误码率。

误码率是指二进制比特在数据传输系统中被传错的概率,是衡量通信系统可靠性的指标。

数据在通信信道传输中一定会因某种原因而出错,传输错误是很正常的也是不可避免的,但是一定要在某个允许的范围内。在计算机网络系统中,一般要求误码率低于 10^{-8}（百万分之一）。

2. 数据通信技术

数据通信中有三种重要的技术,即调制解调技术、多路复用技术和数据交换技术。

（1）调制解调技术。

普通电话线传输的是语音模拟信号,是作为模拟通道使用的,适用于传输模拟信号。但是计算机产生的是离散脉冲表示的数字信号,不能直接在电话线中进行传输。因此要使用电话线传输网络的数字信号,必须将信号进行转换。在发送方,需要将计算机的数字信号转换为电话线能够传输的模拟信号,这一过程称为调制（Modulation）。在接收方,需要将电话线传送的模拟信号转换为计算机能够接收和识别的数字信号,这一过程称为解调（Demodulation）。在使用过程中,通常将具有调制和解调功能的设备合在一起,称为调制解调器（Modem）,依据它的发音,亲切地称之为"猫"。

（2）多路复用技术。

多路复用技术（Multiplexing）是利用一条线路同时传输多路信号的技术。事实上,无论是在局域网还是广域网的传输中,大多传输介质固有的通信容量都超过了单一通道或单一用户所需要的容量。为了高效合理地利用资源,提高线路利用率,人们在通信系统中引入了多路复用技术,将一条物理信道分为多条逻辑信道,使多个数据源合用一条传输线进行传输。多路复用技术主要有三种:时分多路复用、频分多路复用和波分多路复用。

（3）数据交换技术。

在通信系统中,当用户较多而传输的距离较远时,通常不采用两点固定连接的专用线路,而是采用交换技术,使通信传输线路被各个用户公用,以提高传输设备的利用率,降低系统费用。对规模较大的系统,可采取多级交换,即在某个用户群中建立一个中间节点,再把许多中间节点连接到更高一级的中间节点。在计算机网络中,两设备之间进行通信时,信号传输的途径称为路由（Route）,有了多级交换后,两设备之间的路由往往不止一个。

计算机通信常用的数据交换技术有:电路交换、报文交换和分组交换。在计算机网络中,为了提高网络的通信效率,采用分组交换方式。分组交换是在发送端发送数据时,把大的数据拆成较短的数据分组（Packet,又称数据包）,再进行传送和交换。到达接收端时,再把数据分组按顺序组装成原来的数据。分组交换的基本工作模式是存储转发,即每当交换机或路由器收到一个包后,检查该数据包的目的地地址,决定应该送到哪个端口进行发送。

8.2 局域网与广域网介绍

8.2.1 局域网的分类

局域网有多种不同的类型。按照所使用的传输介质,可以分为有线网和无线网;按照网络中各种设备互连的拓扑结构,可以分为星形网、环形网、总线型网等;按照传输介质所使用的访问控制方法,可以分为以太网、FDDI 网、令牌网等。现在广泛使用的是以太网。

1. 以太网

以太网(Ethernet)又叫作 IEEE 802.3 标准网络,是当今现有局域网采用的最通用的通信协议标准。以太网使用 CSMA/CD(载波监听多路访问及冲突检测)技术,经历了标准以太网(即 10 兆以太网)、交换型以太网、百兆以太网、千兆以太网、万兆以太网等的发展。

2. 无线局域网

无线局域网(WLAN)是以太网与无线通信技术相结合的产物。它采用无线电波进行数据通信,像有线以太网一样工作,而且还能方便地移动节点的位置或改变网络的组成。无线局域网采用的协议主要有 802.11(俗称 Wi-Fi)及蓝牙(bluetooth)等。IEEE 802.11 是无线局域网目前最常用的传输协议。无线局域网的组成如图 8-6 所示。

无线局域网通过无线网卡、无线接入点等设备使无线通信得以实现。目前,无线局域网还不能完全脱离有线网络,它只是有线网络的补充。

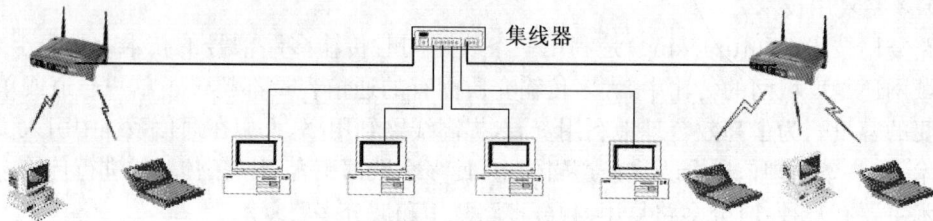

图 8-6 无线局域网

蓝牙和 Wi-Fi 一样都属于短距离无线数字通信技术,蓝牙的最高数据传输速率为 1 Mbps(有效传输速率为 721 kbps),传输距离仅为 10 cm～10 m,适用于在居室内构建无线网络。

8.2.2 广域网的特点

在广域网数据通信中,任意两个收发端点之间一般相距甚远,它们之间采用直接连接专线的方法显然是不现实的。广域网利用公用分组交换网、卫星通信网和无线分组网作为通信子网,将分布在不同地区的局域网或计算机系统互连起来,通过使用数据交换技术,在通信子网中进行交换或转接来实现任意两个端点之间的连接,从而将数据从发送端经过相关节点,逐点传送到接收端。

常见的广域网网络有公用分组交换数据网(X.25 网)、帧中继网(Frame Relay)、ATM网,可参考相关资料了解。

8.3 因特网概述

因特网,即 Internet 或国际互联网,是位于世界各地的成千上万的计算机互连在一起形成的、可以相互通信的计算机网络系统。它由大量的局域网、城域网和广域网互连而成。因特网是覆盖全球的最大的计算机广域网。

8.3.1　因特网发展概况

因特网的前身是美国国防部高级研究计划局于 1969 年主持研制的用于支持军事研究的计算机实验网络 ARPAnet(Advanced Research Projects Agency net,中文名称为"阿帕网"),其核心思想是在计算机间提供许多路由,计算机信息可以通过任一路由发送消息,而不是只能使用固定的路由。1976 年,ARPAnet 上的节点计算机已发展到 57 个,连接各种不同的计算机 100 多台,联网用户 2 000 多人。这个 ARPAnet 成为因特网的雏形。通过这个网络,进行了分组交换设备、网络通信协议、网络通信和系统操作软件等方面的研究。

1980 年,ARPA 开始把 ARPAnet 上运行的计算机转向新的 TCP/IP 协议。1982 年,美国国防部通过命令方式要求所连入 ARPAnet 的网络必须采用 IP 协议(即 Internet 协议)互连。并且,在 1983 年完成了这种转换,这也是国际互联网叫 Internet 的原因。同年,美国国防部通信署(Defense Communication Agency,DCA)将 ARPAnet 分成了两个独立的网络:ARPAnet(用于科学研究)和 MILnet(用于军事通信)。

20 世纪 90 年代是 Internet 历史上发展最为迅速的时期,使用的用户数量急剧递增。

我国于 1994 年 4 月正式接入因特网,中国的网络建设快速发展。到 1996 年为止,已经有 5 个建设完成的骨干网。这些骨干网彼此互连,同时又各自具有独立的国际出口与美国、欧洲等地的因特网相连,共同支撑起我国的因特网。我国的骨干网有中国公用计算机互联网(CHINANET)、中国教育与科研计算机网(CERNET)、中国科学技术网(CSTNET)、中国金桥信息网(CHINAGBN)、中国联通网(UNINET)等。

8.3.2　连接因特网的相关技术

1. TCP/IP 协议

TCP/IP 协议是因特网赖以生存的基础,它为任何一台计算机(包括各种网络终端)连入因特网提供了技术上的保障。因特网中计算机之间通信必须共同遵循 TCP/IP 协议通信规定。

TCP/IP 协议是一个协议簇,共有 100 多个协议组成,而其中 TCP 协议(传输控制协议)和 IP 协议(网络互联协议)最为重要,因此得名。在 TCP/IP 协议的结构中包括了 4 个层次,分别是网络接口层、网络互连层、传输层和应用层。TCP/IP 协议的体系结构以及每一层所对应的协议如图 8-7 所示。

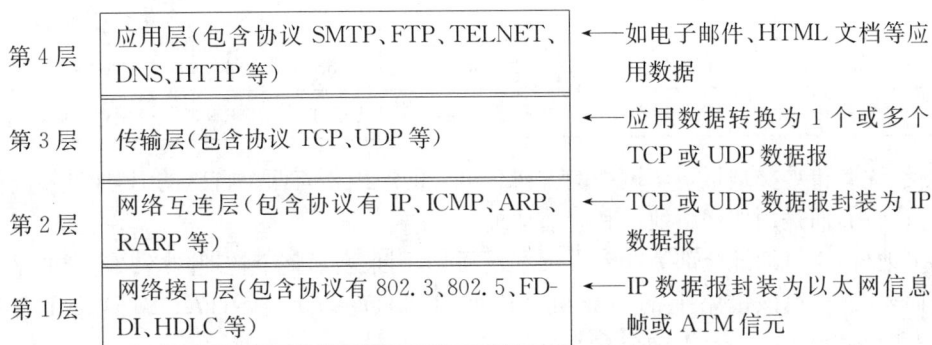

第 4 层	应用层(包含协议 SMTP、FTP、TELNET、DNS、HTTP 等)	←如电子邮件、HTML 文档等应用数据
第 3 层	传输层(包含协议 TCP、UDP 等)	←应用数据转换为 1 个或多个 TCP 或 UDP 数据报
第 2 层	网络互连层(包含协议有 IP、ICMP、ARP、RARP 等)	←TCP 或 UDP 数据报封装为 IP 数据报
第 1 层	网络接口层(包含协议有 802.3、802.5、FDDI、HDLC 等)	←IP 数据报封装为以太网信息帧或 ATM 信元

图 8-7　TCP/IP 协议的分层结构图

2. 因特网的主机及 IP 地址

TCP/IP 协议定义了主机(host)这一概念,它指的是任何按照 TCP/IP 协议连接到网络的计算机设备。

在由许多网络互连而成的庞大的计算机网络中,为了实现计算机间的相互通信,必须为每一台计算机分配一个唯一的地址(简称 IP 地址)用来标识全局唯一的机器,就像每部电话都具有一个全球唯一的电话号码一样。在网络上发送的每个 IP 包中,都必须包含发送方主机(即源主机)的 IP 地址和接收方主机(目的主机)的 IP 地址。

IP 地址是 TCP/IP 协议中所使用的网络层地址标识。IP 协议经过近 30 年的发展,主要有两个版本:IPv4 和 IPv6。目前使用的 IP 地址是 IPv4 版本,在本书中如果不加以说明,IP 地址指的是 IPv4 版本。

IP 地址由 32 位二进制数组成,包括两部分:网络号和主机号,如图 8-8 所示。在实际使用中,将这 32 位二进制数分成 4 段,每段包含 8 位二进制数。为了便于识别和应用,将每段都转换为十进制数,段与段之间用"."号隔开,称为点分十进制,如图 8-9 所示。每个段的十进制数范围是 $0\sim2^8-1$,即 $0\sim255$。例如 202.181.12.45 和 129.78.0.2 都是合法的 IP 地址。IP 地址的层次结构中,网络号用来标识一个逻辑网络,主机号用来标识网络中的一台主机。

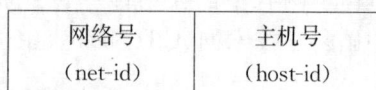

网络号 (net-id)	主机号 (host-id)

图8-8　IP地址的结构

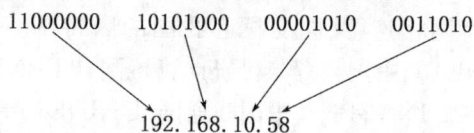

11000000　10101000　00001010　0011010

192.168.10.58

图 8-9　IP 地址的表示

根据不同规模网络的需要,为充分使用 IP 地址空间,IP 协议定义了 5 类地址,即 A~E 类。其中 A、B、C 三类由 InterNIC(国际互联网络信息中心)在全球范围内统一分配,D、E 类为特殊地址,作为备用。

其中,A 类、B 类、C 类地址为基本的地址。每一类地址所包含的网络数和主机数如表 8-1 所示。

表 8-1　IP 地址的分类及包含的网络数及主机数

地址类别	范围	网络数	每个网络的主机数	例	适用网络的主机数量(台)
A 类	1~127	$2^7-2=126$	$2^{24}-2=16\,777\,214$	17.0.0.8	大型网,≤16 777 214
B 类	128~191	16 384	$2^{16}-2=65\,534$	138.4.5.221	中型网,≤65 534
C 类	192~223	2 097 152	$2^8-2=254$	192.168.18.199	小型网,≤254

A 类、B 类和 C 类地址每个网络的主机数减 2 的原因是有两个特殊的 IP 地址不能分配给任何主机使用,而是用作网络地址和广播地址。

网络地址:主机地址全部为"0",表示本地网络,用来表示整个物理网络。它指的是物理网络本身而不是连到该网络上的计算机。比如,172.17.0.0 表示 172.17 这个 B 类网络,192.168.1.0表示 192.168.1 这个 C 类网络。

广播地址:主机地址全为"1"的地址称为直接广播地址,或广播地址,用于标识网络上所有的主机。当一个数据包的目的地址是广播地址时,这个包将送达该网络上的每一台主机。比如,192.168.1 是一个 C 类网络地址,广播地址是 192.168.1.255。

以上介绍的是 IPv4 对主机地址的规定。由于地址长度为 32 位,只有大约 36 亿个地址,不够使用,已经不能满足时代的需求。为了解决 IPv4 面临的各种问题,新的协议和标准诞生了,即 IPv6。在 IPv6 协议中包括新的协议格式、有效的分级寻址和路由结构、内置的安全机制、支持地址自动配置等,其中最重要的是 IP 地址的长度扩展到了 128 位,地址空间是 IPv4 的 2^{96} 倍,能提供超过 3.4×10^{38} 个地址,几乎可以不受限制地提供地址。

3. 域名与域名系统

IP 地址为 Internet 上所有的计算机提供了一个统一的编址方式,可以直接使用 IP 地址与 Internet 上的计算机进行通信。但是,IP 地址毕竟是一个难以记忆的数字,如果用人们熟悉的具有特定含义的符号来标记一台计算机,那么自然要比 IP 地址容易记忆。当然,符号名应该与各自的 IP 地址对应。当用户访问网络中的某个主机时,只需按名访问即可,无须关心它的具体 IP 地址。这个负责名称和 IP 地址对应的机构称为域名系统 DNS(Domain Name System)。

为了避免主机的名字重复,因特网将整个网络的名字空间划分为许多不同的域,每个域又划分为若干个子域,子域又分成许多子域,并且子域之间用“.”分隔,这样组成的主机符号就称为它的域名。

在域名中,最右边的一段称为顶级域名,常用作国家或地区的代码。由于因特网起源于美国,所以美国通常不使用国家代码作为顶级域名,其他国家一般采用国家代码作为顶级域名。

域名使用的字符可以是字母、数字和连字符,但是必须以字母或数字开头并结尾。整个域名的长度不得超过 255 个字符。常用的域名对应的类型如表 8-2 所示。

表 8-2 Internet 域名(组织型)和地区的代码及意义

域名代码	意义	地区代码	代表的国家或地区
GOV	政府部门	CN	中国
ORG	各种非营利性组织	HK	香港
NET	网络支持中心	JP	日本
COM	商业组织	KR	韩国
EDU	教育机构	UK	英国
MIL	军事部门		

4. 域名解析服务器 DNS

域名和 IP 地址都表示主机的地址,实际上是一件事物的不同表示。域名的实质就是用一组由字符组成的名字代替 IP 地址。用户可以使用主机的 IP 地址,也可以使用它的域名。从域名到 IP 地址或者从 IP 地址到域名的转换由域名解析服务器 DNS(Domain Name Server)完成。DNS 里包含所有主机的域名与 IP 地址的对照表,用来实现入网主机名字和 IP 地址的转换。

当用域名访问网络上某个资源地址时,必须获得与这个域名相匹配的真正的 IP 地址。这时用户可以将希望转换的域名放在一个 DNS 请求信息中,并将这个请求发送给 DNS。DNS 从请求中取出域名,将它转换为对应的 IP 地址,然后在一个应答信息中将结果地址返回给用户。这一过程称为域名的解析。

8.3.3　计算机接入因特网的方式

1. 计算机接入因特网的方式

目前因特网的接入技术发展迅速,各种新颖的接入技术不断出现。对于家庭或单位用户来说,因特网的接入方式通常有电话拨号连接、专线连接、无线连接和局域网连接等。

(1) 电话拨号连接。

主要有普通电话拨号上网、ISDN 拨号上网、ADSL 上网等几种方式。

① 普通 Modem 拨号接入方式。家庭计算机用户接入因特网最简单的方法是利用本地电话网。由于计算机输入/输出的数据都是数字信号,而现在所有的电话网用户线仅适合传输模拟信号,为此必须使用调制解调器(Modem),并通过电话线与 ISP 的主机连接。使用电话线拨号上网比较方便,但是其缺点比较多,如网络的传输速率低(最高传输速率只有 56Kbps)、上网时不能通电话、费用不便宜等,目前已经淘汰。

② ADSL 虚拟拨号接入方式。ADSL 技术是一种不对称数组用户线实现宽带接入因特网的技术,中文全称为"非对称数字用户环路"。所谓"非对称"是指与 Internet 的连接具有不同的上行和下行速度,上行是指用户向网络发送信息,而下行是指 Internet 向用户发送信息。目前 ADSL 上行可达 1 Mbps,下行可达 8 Mbps。采用 ADSL 接入,需要在用户端安装 ADSL Modem 和网卡。ADSL 的特点是:一条电话线可同时接听、拨打电话并进行数据传输,两者互不影响;虽然使用的还是原来的电话线,但 ADSL 传输的数据并不通过电话交换机,所以 ADSL 上网不需要缴付额外的电话费;ADSL 的数据传输速率是依据线路的情况自动调整的,它以"尽力而为"的方式进行数据传输。

(2) 专线接入方式。主要包含有线电视网接入、DDN 专线接入、光纤接入等方法。

① 有线电视网(Cable Modem)接入方式是一种基于有线电视网络铜线资源的接入方式。当前有线电视(Cable TV 或 CATV)系统已经广泛采用光纤同轴电缆混合网(Hybrid Fiber Coaxial,简称 HFC)进行信息传输。HFC 主干线采用光纤接入小区,然后再使用同轴电缆以树形总线方式接入用户住所。接入 CATV 网需要安装 Cable Modem(电缆调制解调器)。

② DDN(Digital Data Network,数字数据网)专线接入方式,是利用数字信道提供永久性连接电路,用来传输数据信号。DDN 专线接入向用户提供的是永久性的数字连接,沿途不进行复杂的软件处理,因此延时较短。DDN 专线接入的特点是传输质量高、保密性好、传输速率高、可构筑自己的 Internet、E-mail 等应用系统。

③ 光纤接入方式指的是使用光纤作为主要传输介质接入因特网。光纤传输的是光信号,计算机传输和使用的是电信号,所以在使用光纤接入时,需要进行光信号和电信号的转换。在因特网服务提供商(ISP)的交换局一侧,应把电信号转换为光信号,以便在光纤中传输,到达用户端后,要使用光网络单元把光信号转换成电信号,然后经过交换机传送到计算机中。光纤接入能够确保向用户提供 10 Mbps、100 Mbps 和 1 000 Mbps 的高速带宽,可直接汇接到 CHI-

NANET 骨干网的节点,主要适用于商业集团用户和智能化小区局域网高速接入Internet和与Internet 高速互联。目前可向用户提供三种具体的接入方式:

· 光纤＋以太网接入:适用于已做好或便于综合布线及系统集成的小区住宅或大厦。需要交换机、集线器和双绞线等。

· 光纤＋LAN 接入:以"千兆到小区、百兆到大楼、十兆到用户"为实现基础,光纤传输到路边、小区、大楼,用户采用 LAN(局域网)的方式接入。

· 光纤直接接入:有独享光纤高速上网需求的大企事业单位或集团用户可采用此方式。

(3)无线接入方式。

无线接入是指从用户终端到网络交换节点采用或部分采用无线手段的接入技术。无线接入 Internet 的技术分成两类:一是基于移动通信的无线接入,二是基于无线局域网的无线接入。进入 21 世纪后,无线接入 Internet 已经逐渐成为接入方式的一个热点。

① 802.11X 无线。IEEE802.11 是无线局域网目前最常用的传输协议,即 Wi-Fi,俗称无线宽带,中文译为"无线相容认证"。其中 802.11a 和 802.11g 的传输速率均可达到 54 Mbps,能满足传输语音、数据、图像等业务的需要。目前最常用的 802.11b,所支持的速度最高能达到 11 Mbps。Wi-Fi,为用户提供了无线的宽带互联网访问,是无论在家里、办公室还是旅途中上网的快速、便捷的途径。能够访问 Wi-Fi 网络的地方被称为热点。Wi-Fi 的热点是通过在互联网连接上安装访问点来创建的。这个访问点将无线信号通过短程进行传输,距离一般为300 英尺(约 100 米)。当一台支持 Wi-Fi 的设备遇到一个热点时,这个设备就可以用无线方式连接到那个网络。目前,带 Wi-Fi 功能的智能手机在检测到 Chinanet 的 WLAN 信号后可以通过账号认证方式上网。

② GPRS 接入技术。GPRS(General Packet Radio Service)是通用分组无线服务技术的简称,它是 GSM 移动电话用户可用的一种移动数据业务,它是 GSM 的延续。GPRS 和以往连续在频道传输的方式不同,是以封包(Packet)的方式来传输的,因此使用者所承担的费用是以其传输数据的包来计算的。GPRS 的传输速率可提升至 56 Kbps 甚至 114 Kbps,速度较慢,但是使用比较方便。

③ 3G 无线上网,即移动的 TD-SCDMA,电信的 CDMA 2000 和联通的 WCDMA,网络的传输速率比较高。

④ 蓝牙技术和红外线技术。蓝牙和红外线,与 Wi-Fi 一样,都属于短距离无线数字通信技术,蓝牙的最高数据传输速率为 1 Mbps,传输距离仅为 10 cm～10 m,适合在居室内构建无线网络。红外线传输是点对点的传输方式,要对准方向,不能离得太远(1～2 m),且中间不能有障碍物。红外线传输自 1974 年发明以来,得到很普遍的应用,如红外线鼠标、红外线键盘、红外线打印机等。

(4)局域网接入技术。

用户计算机通过网卡,利用数据通信专线(如光缆或电缆等)连接到某个局域网中(如校园网、企业网等),再由局域网与 Internet 相连。这是很多单位最常用的接入 Internet 的方法。

2. ISP 的作用

ISP 即 Internet Service Provider(互联网服务提供商),负责提供与 Internet 连接的服务。ISP 是用户接入 Internet 的入口点,它不仅为用户提供 Internet 接入服务,也为用户提供各类信息服务。通常,个人或企业不直接接入 Internet,而是通过 ISP 接入 Internet。

8.4 WWW 服务

随着因特网技术的飞速发展,因特网提供的服务越来越多。因特网由大量的计算机和信息资源组成,它为网络用户提供了非常丰富的功能,即网络服务。这些服务主要包括信息服务(即 WWW 服务)、电子邮件(E-mail)、文件传输(FTP)、远程登录(Telnet)、电子公告牌(BBS)、搜索引擎、网络游戏与娱乐等。本节主要介绍 WWW 信息服务。

8.4.1 WWW 服务概述

WWW(World Wide Web)的中文名字为万维网,简称 Web,也称 3W。它是因特网技术发展中的一个重要的里程碑。WWW 是由遍及全球信息资源组成的系统,这些信息资源所包含的内容不仅可以是文本,还可以是声音、图形、图像与视频等。

WWW 系统的结构采用客户/服务器模式,该模式是因特网上最方便和最受用户欢迎的信息服务类型。通过 Web 页中的链接,用户可以方便地访问位于其他 WWW 服务器中的Web 页或其他类型的网络信息资源。

1. 超文本与超链接

所谓"超文本",就是指它的信息组织形式不是简单地按顺序排列,而是用由指针链接的复杂的网状交叉索引方式,对不同来源地的信息加以链接。可以链接文本、图像、动画、声音或影像等,而这种链接关系则被称为"超链接"。当鼠标指针移动到含有超链接的文字或图片时,指针会变成一个手形指针,文字也会改变颜色或加一条下画线,表示此处有一个超链接,可以单击它转到另一个相关的网页。

超链接是有方向的,起点位置称为链源(HTML 文档中称为锚),它可以是文本块中的一个标题、一个句子、一个关键字、一幅画、一个图标等;目的地(即目标)称为链宿,它可以是同一个或另一个 Web 服务器上的某个信息资源(用 URL 定位),也可以是本网页内的某段文字或某个图片(即书签)。

2. HTML 和 HTTP

WWW 网站中包含很多网页(又称 Web 页)。网页是使用超文本标记语言(Hyper Text Markup Language,HTML)编写的。HTML 文档,通常被称为网页,其扩展名是". htm"和". html"。HTML 文档分为静态 HTML 和动态 HTML。

超文本传输协议(Hypertext Transfer Protocol,HTTP)负责用户与服务器之间的超文本数据传输,是所有的 WWW 文件必须遵守的标准。HTTP 协议不仅保证计算机正确快速地传输超文本文档,还确定传输文档中的哪一部分,以及哪部分内容优先显示(如文本先于图像显示)等。

3. 主页

主页(homepage)是指个人或机构的基本信息页面,用户可以通过主页访问有关的信息资源。主页通常是用户使用 WWW 浏览器访问因特网上的任何 WWW 服务器所看到的第一个页面。

4. 统一资源定位器(URL)

统一资源定位器 URL(Uniform Resource Locator),是 WWW 用来描述 Web 网页的地址和访问它时所使用的协议。因特网上几乎所有功能都可以通过 WWW 浏览器的地址栏输入 URL 地址实现。URL 标识因特网中网页的位置。

URL 由三部分组成,表示形式为

协议://IP 地址或主机的域名[:端口号]/文件路径/文件名

其中,协议就是信息服务方式,常见的有 http、ftp、telnet 等;主机域名指的是提供此服务的计算机的域名;端口号是指因特网上用于说明使用特定服务的软件标识,用数字表示,例如,默认情况下,Web 服务器使用的是 80,FTP 的端口号为 21 等;"/文件路径/文件名"指的是网页在服务器中的位置和文件名,在 Web 服务器中如果不明确指出,则以 index. htm 或 default. htm 作为默认的网页名,即该网站的主页。

8.4.2 IE 浏览器

Web 浏览器是查找、浏览网页信息的工具,是用来浏览 Internet 上的主页的工具,安装在用户端,是一种客户机软件。浏览器有很多种,目前常用的有 Microsoft 的 Internet Explorer (简称 IE)、傲游(Maxthon)浏览器、腾讯 TT 浏览器等。

本书以 IE 为例,介绍浏览器的常用功能及操作方法。双击桌面 IE 浏览器快捷图标,打开 IE 浏览器窗口,在地址栏处输入网址确认即可打开相关网页,如图 8-10 所示。

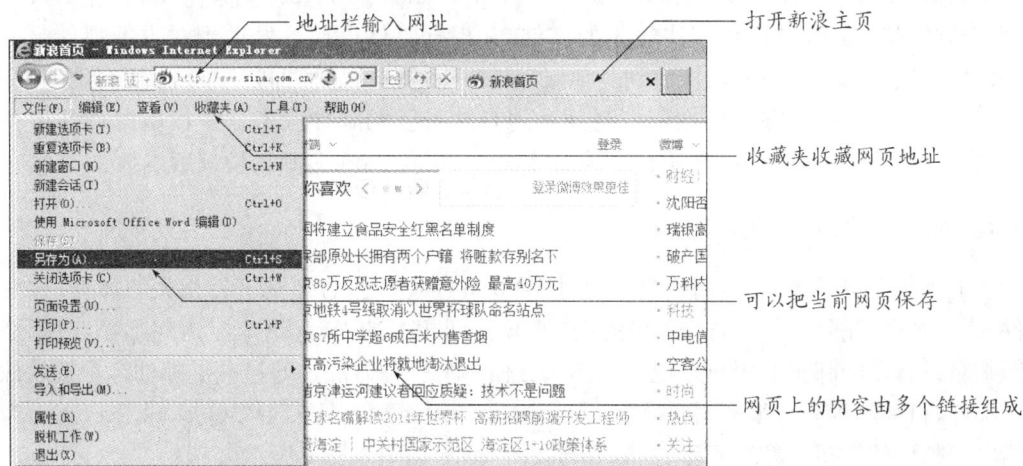

图 8-10 IE 浏览器

网页的保存使用【文件】菜单下的【另存为】,在弹出的"另存为"对话框中选择保存类型和输入保存名称即可。网页上文字或图片的保存,采用复制和粘贴的方法保存到其他文件中。

8.4.3　远程文件传输 FTP

把网络上一台计算机中的文件移动或拷贝到另外一台计算机上,称为远程文件传输,使用的协议是文件传输协议 FTP(File Transfer Protocol)。FTP 是 TCP/IP 应用层的协议。FTP协议规定,需要进行文件传输的两台计算机应按照客户/服务器模式(C/S)工作,主动要求文件传输的发起方是客户方,运行 FTP 客户程序;被动参与文件传输的另一方为服务方,运行FTP 服务器程序;两者通过 TCP 协议建立连接,协同完成传输任务。

在 FTP 使用中,经常遇到两个概念:上传(Upload)和下载(Download)。上传文件是指将文件从本地计算机中拷贝至远程的主机上。下载文件是从远程主机上拷贝文件至本地计算机中。对用户来说,用得最多的是下载操作。

在实际使用中,访问 FTP 站点,常用的有两种方法:一种是通过 IE 浏览器访问,另一种是通过专用的 FTP 客户端程序进行访问,如 flashFXP。

8.4.4　电子邮件

1. 电子邮件概述

电子邮件即 E-mail,是因特网上使用非常广泛的一种服务。电子邮件通过网络传送,具有方便、快捷、不受地域或时间限制、费用低廉等优点,深受广大用户欢迎。

每一个邮件都有一个唯一的邮件地址。邮件地址由两部分组成,用户名@主机域名,其中@表示"at"。例如,user@126.com,表示在邮件服务器 126.com 上,有名为 user 的电子邮件用户。邮件均放在邮件服务器中,用户凭用户名和密码进入查看和操作。

电子邮件服务基于客户机/服务器模式(C/S)。首先,发送方将写好的邮件发送给自己的邮件服务器,发送时使用 SMTP 协议(Simple Mail Transfer Protocol,简单邮件传输协议);其次,发送方的邮件服务器接收用户送来的邮件,并根据收件人地址发送到对方的邮件服务器中;再次,接收方的邮件服务器接收到其他服务器发来的邮件后根据收件人地址分发到相应的电子邮箱中;最后,接收方可以在任何时间和地点从自己的邮件服务器中读取邮件并进行处理,接收邮件时使用 POP3 协议(Post Office Protocol-Version 3,邮局协议版本 3)。

2. Outlook Express 的使用

在电子邮箱申请成功后,用户可以通过 Web 页登录自己的邮箱进行相关的操作,如发送邮件、查看邮件、删除邮件等,这时要求用户必须访问相关的 Web 页才能访问邮箱,对于经常访问邮箱或有多个邮箱的用户来说使用不太方便。另一种方法是通过电子邮件客户端软件来收发邮件,目前这种软件很多,常用的有 Foxmail、Outlook 等。下面以 Outlook Express 为例介绍电子邮件的撰写、收发、阅读、回复和转发等操作,如图 8-11 所示。

图 8 - 11　Outlook 的使用

8.4.5　流媒体技术

因特网上的音频、视频文件可以下载到本地机后再播放,但是一般的音频和视频文件都比较大,由于网络速度的限制,下载时间比较长。为了克服这个缺点,可采取另一种观看因特网音频和视频的方式——流媒体方式。所谓流媒体是指采用流式传输的方式播放因特网媒体。流式传输时,音频和视频文件由流媒体服务器向用户计算机连续、实时地传送。用户不必等到整个文件全部下载完毕,而只需要经过很少的时间下载文件的一部分即可观看,即"边下载边播放"。这样当下载的一部分文件播放时,后台还在不断下载文件的剩余部分。

流媒体方式不仅使播放延时大大缩短,而且不需要本地硬盘留有太大的缓存容量,避免了用户必须等待整个文件全部下载完成之后才能播放的缺点。

如今,流媒体技术已广泛应用于多媒体新闻发布、在线直播、网络广告、电子商务、视频点播、远程教育、远程医疗、实时视频会议等方面。

8.5　网络安全

在网络环境下使用计算机,信息安全是一个非常突出的问题,可能存在的问题有信息传输中断、信息被窃听、信息被篡改和伪造信息等。为了保障数据的安全,需要对数据进行各方面的保护。

8.5.1　网络安全的策略

1. 数据加密

为了使网络通信即使在窃听的情况下也能保证数据的安全性,必须对传输的数据进行加密。数据加密也是其他安全措施的基础。加密的基本思想是改变符号的排列方式或按照某种规律进行替换,使得只有合法的接收方才能读懂,任何其他人即使窃取了数据也无法了解其内容。数据加密的基本过程就是对原来为明文的文件或数据按某种算法进行处理,使其成为不可读的一段代码,通常称为"密文"。

2. 数字签名

所谓数字签名是附加在数据单元上的一些数据,或是对数据单元所做的密码转换。这种附加数据或密码转换允许数据单元的接收者确认数据单元的来源和数据单元的完整性,防止被人伪造。它是对电子形式的消息进行签名的一种方法。数字签名如同普通手写签名一样,具有法律效力,具有不可抵赖性,同时还能够验证发送者的身份和数据传输的完整性。

3. 身份鉴别与访问控制

身份鉴别,又称身份认证,是指证实某人或某物(消息、文件、主机等)的真实身份与其所声称的身份是否相符的过程,目的是为了防止欺诈和假冒攻击。

访问控制的任务是:对系统内的每个文件或资源规定各个用户对它的操作权限,如是否可读、是否可写、是否可修改等。

4. 防火墙

防火墙(Firewall)的主要作用是在内部网和外部网之间、专用网与公共网之间构造保护屏障。防火墙对流经它的信息进行扫描,确保进入网内和流出网外的信息的合法性,它还能过滤掉黑客的攻击,关闭不使用的端口,禁止特定端口流出信息,监督和控制使用者的操作等。

8.5.2 计算机病毒

计算机病毒(Computer Virus)在《中华人民共和国计算机信息系统安全保护条例》中被定义为:在计算机程序中编制的或插入的破坏计算机功能或者破坏数据的,影响计算机使用并且能够自我复制的一组计算机指令或者程序代码。计算机病毒的出现和发展是计算机软件技术发展的必然结果。

1. 计算机病毒的特点和症状

计算机病毒具有以下特点:

(1) 寄生性。它是一种特殊的寄生程序,不是一个通常意义上的完整的计算机程序,而是寄生在其他可执行程序中的程序代码。当执行这个程序时,病毒就起破坏作用,而在未启动这个程序之前,它是不易被人发觉的。

(2) 破坏性。计算机中毒后,可能会导致无法运行正常的程序,破坏系统,删除或修改数据,占用系统资源,降低计算机运行效率等。

(3) 传染性。计算机病毒像生物病毒一样,会通过各种渠道从已被感染的计算机扩散到未被感染的计算机,在某些情况下造成被感染的计算机工作失常甚至瘫痪。与生物病毒不同的是,计算机病毒是一段人为编制的计算机程序代码,这段程序代码一旦进入计算机并得以执行,就会搜寻其他符合其感染条件的程序或存储介质,确定目标后再将自身代码插入其中,达到自我繁殖的目的。

(4) 潜伏性。一个编制精巧的计算机病毒程序,进入系统之后一般不会马上发作,可以在几周或者几个月甚至几年内隐藏在合法文件中,等待时机发作。比如黑色星期五病毒,不到预定时间一点都觉察不出来,等条件具备后病毒就开始运行,对系统进行破坏和传播。

(5) 隐蔽性。计算机病毒具有很强的隐蔽性,有的可以通过病毒软件检查出来,有的根本就查不出来。这种隐蔽性使广大计算机用户对病毒失去应有的警惕性。

2. 计算机感染病毒后的常见症状

计算机感染病毒后的运行情况会发生异常。例如:
(1) 系统运行速度减慢。
(2) 磁盘文件数目无故增多。
(3) 系统的内存空间明显变小。
(4) 计算机系统中的文件长度发生变化。
(5) 计算机屏幕上出现异常显示。
(6) 对存储系统访问异常。

3. 计算机病毒的清除

如果计算机染上了病毒,文件被破坏,最好重新启动计算机系统,并用杀毒软件查杀病毒。一般的杀毒软件都具有清除/删除病毒的功能。清除病毒是指把病毒从原有的文件中清除掉,恢复原有文件的内容了删除是指把整个文件全删除掉。经过杀毒,被破坏的文件有可能恢复成正常的文件。

用杀毒软件(也称为反病毒软件)消除病毒是当前比较流行的方法,它既方便,又安全,一般不会破坏系统中的正常数据。通常,杀毒软件能检测出已知的病毒并消除它们,但不能检测出新的病毒或病毒的变种。所以,各种杀毒软件的开发都不是一劳永逸,而是要随着新病毒的出现而不断升级。目前较著名的杀毒软件都将其实时检测系统驻留在内存中,随时检测是否有病毒入侵。

目前较流行的杀毒软件产品有:瑞星、江民、金山毒霸、微点主动防御软件、360 杀毒软件、北信源、卡巴斯基、安博士、诺顿、趋势科技、蓝点“软卫甲”防毒墙、FortiGate 病毒防火墙、木马克星等。

4. 计算机病毒分类

对计算机病毒可以按以下方式分类:
(1) 按计算机病毒感染的方式分类。
① 引导区型病毒。引导区型病毒感染硬盘的主引导记录(MBR),当硬盘主引导记录感染病毒后,病毒就企图感染每个插入计算机进行读/写的移动盘的引导区。这类病毒常常将其病毒程序替代主引导中的系统程序。引导区病毒总是先于系统文件装入内存储器,获得控制权并进行传染和破坏。
② 文件型病毒。文件型病毒主要感染扩展名为“. com、. exe、. drv、. bin、. ovl、. sys”等的可执行文件。通常寄生在文件的首部或尾部,并修改程序的第一条指令。当染毒程序执行时就先跳转去执行病毒程序,进行传染和破坏。这类病毒只有当带毒程序执行时,才能进入内存,一旦符合激发条件,它就发作。如 CIH 病毒就是一个文件型病毒。

③ 混合型病毒。这类病毒既可以传染磁盘的引导区,也可以传染可执行文件,兼有上述两类病毒的特点。

④ 宏病毒。宏病毒与上述病毒不同,它不感染程序,只感染 Microsoft Office 文档文件和模板文件,与操作系统没有特别的关联。它们大多以 Visual Basic 或 Word 提供的宏程序语言编写,比较容易制造。当对感染宏病毒的 Word 文档操作时(如打开文档、保存文档、关闭文档等操作)它就进行破坏和传播。

⑤ Internet 病毒(网络病毒)。网络病毒是一种新型病毒,它的传播媒介不再是移动式载体,而是网络通道。这种病毒的传染能力更强,破坏力更大。常见的有各类木马病毒、蠕虫病毒和后门病毒等,如熊猫烧香、盗号木马、灰鸽子等,这些病毒给个人及社会造成了巨大的损失。Internet 病毒主要的传播方式是网页和电子邮件。黑客是危害计算机系统的源头之一。黑客是指利用通信软件,通过网络非法进入他人计算机系统,截取或篡改数据,危害信息安全的一类人。

(2) 按病毒的算法分类。

依据计算机病毒的算法,可以分为伴随型病毒、"蠕虫"型病毒、寄生性病毒、诡秘性病毒、变型病毒。

5. 计算机病毒的预防

计算机病毒主要通过移动存储介质(如优盘、移动硬盘)和计算机网络两大途径进行传播。人们从工作实践中总结出一些预防计算机病毒的措施,这些措施实际上要求用户养成良好的使用计算机的习惯。具体归纳如下:

(1) 专机专用。制定科学的管理制度,重要任务部门应专机专用,禁止与任务无关的人员接触该系统,防止潜在的病毒犯罪。

(2) 利用写保护。对那些保存有重要数据文件且不需要经常写入的移动介质盘,应使其处于写保护状态,防止病毒的入侵。

(3) 慎用网上下载的软件。网络传播是病毒传播的一大途径,对网上下载的软件最好检测后再用。也不要随便阅读不相识人员发来的电子邮件。

(4) 建立备份。定期备份重要的数据文件,以免遭受病毒危害后无法恢复。

(5) 采用杀病毒软件、防病毒卡和安全监视软件。例如,防火墙是指具有病毒警戒功能的程序。定期使用杀病毒软件进行磁盘扫描,发现病毒及时清除。

习　题

1. 不属于计算机网络拓扑结构形式的是(　　)。
   A. 树形结构　　　　B. 混合型结构　　　　C. 总线型结构　　　　D. 分支型结构

2. 在一个计算机机房内要实现所有的计算机联网,应选择(　　)。
   A. WAN　　　　　B. MAN　　　　　C. LAN　　　　　D. Internet

3. 下列有关计算机网络的说法错误的是(　　)。
   A. 组成计算机网络的计算机设备是分布在不同地理位置的多台独立的"自治计算机"
   B. 共享资源包括硬件资源和软件资源以及数据信息
   C. 计算机网络提供资源共享的功能
   D. 计算机网络中,每台计算机核心的基本部件,如 CPU、系统总线、网络接口等都要求存在,但不一定独立

4. 调制解调器的功能是(　　)。
   A. 将数字信号转换成声音信号　　　　　　B. 将模拟信号转换成数字信号
   C. 将数字信号转换成其他信号　　　　　　D. 将数字信号与模拟信号相互转换

5. 计算机网络按地理范围可分为(　　)。
   A. 广域网、城域网和局域网　　　　　　　B. 因特网、城域网和局域网
   C. 广域网、因特网和局域网　　　　　　　D. 因特网、广域网和对等网

6. 计算机网络最突出的优点是(　　)。
   A. 运算速度快　　　　　　　　　　　　　B. 存储容量大
   C. 运算容量大　　　　　　　　　　　　　D. 可以实现资源共享

7. 因特网上的服务都是基于某一种协议的,Web 服务是基于(　　)。
   A. SMTP 协议　　　　　　　　　　　　　B. SNMP 协议
   C. HTTP 协议　　　　　　　　　　　　　D. TELNET 协议

8. 所有与 Internet 相连接的计算机必须遵守的共同协议是(　　)。
   A. HTTP　　　　B. IEEE 802.11　　　　C. TCP/IP　　　　D. IPX

9. FTP 中文意思是(　　)。
   A. 搜索引擎　　　　B. 电子商务　　　　C. 远程登录　　　　D. 文件传输

10. 表示教育机构的域名为(　　)。
    A. www. rmdx. net. cn　　　　　　　　B. www. rmdxc. com. cn
    C. www. rmdx. info. cn　　　　　　　　D. www. rmdx. edu. cn

11. 下列选项中不属于 Internet 基本功能的是(　　)。
    A. 实时检测控制　　　　　　　　　　　　B. 电子邮件
    C. 文件传输　　　　　　　　　　　　　　D. 远程登录

12. Internet 是覆盖全球的大型互联网络,用于链接多个远程网和局域网的互联设备主要是(　　)。
    A. 路由器　　　　B. 主机　　　　　C. 网桥　　　　　D. 防火墙

13. 某一电子邮件地址为:dengjikaoshi@sina. com,其中 dengjikaoshi 代表(　　)。

A. 用户名　　　　B. 主机名　　　　　C. 域名　　　　　　D. 文件名

14. 下列 IP 地址不合法的是(　　)。

    A. 50.108.0.6　　　　　　　　　　B. 67.164.12.222

    C. 106.85.10.222　　　　　　　　D. 166.220.13.290

15. 在 Internet 中完成从域名到 IP 地址或者从 IP 地址到域名转换的是(　　)。

    A. DNS　　　　　B. FTP　　　　　C. WWW　　　　D. ADSL

16. 下列 URL 的表示方法中,正确的是(　　)。

    A. http://www.microsoft.com/index.html

    B. http:\www.microsoft.com/index.html

    C. http://www.microsoft.com\ index.html

    D. http:www.microsoft.com/index.htmp

17. 下列叙述中,正确的是(　　)。

    A. 计算机病毒只在可执行文件中传染

    B. 计算机病毒主要通过读/写移动存储器或 Internet 网络进行传播

    C. 只要删除所有感染了病毒的文件就可以彻底消除病毒

    D. 计算机病毒软件可以查出和清除任意已知的和未知的计算机病毒

附录 1
全国等级考试一级考试 MS Office 真题

全国计算机等级考试真题 1

一、选择题(每小题 1 分,共 20 分),下列各题 A、B、C、D 四个选项中,只有一个选项是正确的。

1. 按电子计算机传统的分代方法,第一代至第四代计算机依次是(　　)。
   A. 机械计算机、电子管计算机、晶体管计算机、集成电路计算机
   B. 电子管计算机、晶体管计算机、集成电路计算机、光器件计算机
   C. 手摇机械计算机、电动机械计算机、电子管计算机、晶体管计算机
   D. 电子管计算机,晶体管计算机,小、中规模集成电路计算机,大规模和超大规模集成电路计算机

2. 在 ASCII 码表中,根据码制由小到大的排序顺序是(　　)。
   A. 数字符、空格字符、大写英文字母、小写英文字母
   B. 数字符、大写英文字母、小写英文字母、空格字符
   C. 空格字符、数字符、大写英文字母、小写英文字母
   D. 空格字符、数字符、小写英文字母、大写英文字母

3. 一般而言,Internet 环境中的防火墙建立在(　　)。
   A. 每个子网的内部　　　　　　　　B. 内部子网之间
   C. 内部网络与外部网络的交叉点　　D. 以上 3 个都不对

4. 十进制 18 转换成二进制数是(　　)。
   A. 101000　　　　B. 010010　　　　C. 001010　　　　D. 010101

5. 假设某台计算机的内存储器容量为 256MB,硬盘容量为 40GB,硬盘的容量是内存容量的(　　)。
   A. 200 倍　　　　B. 120 倍　　　　C. 100 倍　　　　D. 160 倍

6. 下列叙述中,正确的是(　　)。
   A. 计算机病毒只在可执行文件中传染,不执行的文件不会传染

B. 计算机杀毒软件可以查出和清除任意已知的和未知的计算机病毒

C. 只要删除所有感染了病毒的文件就可以彻底清除病毒

D. 计算机病毒主要通过读/写移动存储器或 Internet 网络进行传播

7. 组成 CPU 的主要部件是( )。

    A. 控制器和寄存器   B. 运算器和控制器

    C. 运算器和寄存器   D. 运算器和控制器

8. 下列叙述中,正确的是( )。

    A. 硬盘式辅助存储器,不属于外设

    B. 光盘驱动器属于主机,而光盘属于外设

    C. U 盘既可以用作外存,也可以用作内存

    D. 摄像头属于输入设备,而投影仪属于输出设备

9. 微机内存按( )。

    A. 字长编址   B. 十进制位编址   C. 字节编址   D. 二进制位编址

10. 液晶显示器(LCD)的主要技术指标不包括( )。

    A. 显示速度   B. 亮度和对比度   C. 显示分辨率   D. 存储容量

11. 计算机的硬件主要包括:中央处理器(CPU)、存储器、输出设备和( )。

    A. 显示器   B. 鼠标   C. 键盘   D. 输入设备

12. 把硬盘上的数据传送到计算机内存中去的操作称为( )。

    A. 读盘   B. 写盘   C. 存盘   D. 输出

13. 下列说法错误的是( )。

    A. 汇编语言是一种依赖于计算机的低级程序设计语言

    B. 为提高开发效率,开发软件时应尽量采用高级语言

    C. 计算机可以直接执行机器语言程序

    D. 高级语言通常都具有执行效率高的特点

14. 将汇编源程序翻译成目标程序(.OBJ)的程序称为( )。

    A. 链接程序   B. 汇编程序   C. 编译程序   D. 编辑程序

15. 下列各项中两个软件均属于系统软件的是( )。

    A. MIS 和 UNIX   B. DOS 和 UNIX

    C. MIS 和 WPS   D. WPS 和 UNIX

16. 操作系统管理用户数据的单位是( )。

    A. 扇区   B. 文件夹   C. 文件   D. 磁道

17. 调制解调器(Modem)的主要技术指标是数据传输速率,它的度量单位是( )。

    A. dpi   B. MIPS   C. KB   D. Mbps

18. 下列关于域名的说法正确的是( )。

    A. 域名完全由用户自行定义

    B. 域名系统按地理域或机构域分层、采用层次结构

    C. 域名就是 IP 地址

    D. 域名的使用对象仅限于服务器

19. 从网上下载软件时,使用的网络服务类型是( )。

A. 信息浏览　　　　B. 电子邮件　　　　C. 远程登陆　　　　D. 文件传输

20. 在下列网络的传输介质中,抗干扰能力最好的一个是(　　)。

　　A. 电话线　　　　B. 双绞线　　　　C. 同轴电缆　　　　D. 光缆

二、Windows 操作题(5 小题,共计 10 分)。

打开考生文件夹(真题素材 1),完成下列操作:

1. 在考生文件夹中分别建立 WEN 和 HUA 两个文件夹。

2. 在 WEN 文件夹中新建一个名为 YOU. DOCX 的文件。

3. 将考生文件夹下 TA 文件夹中的 QUE. DOCX 文件复制到考生文件夹下的 HUA 文件夹中。

4. 为考生文件夹下 YAN 文件夹中的 LAB. EXE 文件建立名为 LAB 的快捷方式,存放在考生文件夹中。

5. 搜索考生文件夹下的 ABC. PPT 文件,然后将其移动到考生文件夹下的 PPT 文件夹中。

三、Word 2010 操作题(共计 25 分)。

在考生文件夹(真题素材 1)下打开文档 word. docx,按照下列要求完成操作并以该文件名保存文档。

1. 将标题段("财经类公共基础课程模块化")文字设置为三号、红色(红色 255、绿色 0、蓝色 0)、黑体、居中,并添加蓝色(红色 0、绿色 0、蓝色 255)双波浪下画线。

2. 将正文各段落("按照《高等学校……三种组合方式供选择。")文字设置为小四仿宋,行距设置为 18 磅,段落首行缩进 2 字符。

3. 在页面顶端中位置插入"空白"型页眉,无项目符号,小五号宋体,文字内容为"财经类专业计算机基础课程设置研究"。

4. 将文中后 8 行文字转换为一个 8 行 5 列的表格;设置表格居中,表格第 2 列列宽为 6 厘米,其余列列宽为 2 厘米,各行行高 0.6 厘米,表格中所有文字水平居中。

5. 设置表格所有框线为 1 磅红色(红色 255、绿色 0、蓝色 0)单实线;计算"合计"行"讲课"、"上机"及"总学时"的合计值。

四、Excel 2010 操作题(共计 20 分)。

在考生文件夹(真题素材 1)下,按照下列要求完成操作并以该文件名保存文档。

1. 打开工作簿文件 EXCEL. XLSX:

(1)将工作表 sheet1 的 A1:D1 单元格合并为一个单元格,内容水平居中,分别计算各部门的人数(利用 COUNTIF 函数)和平均年龄(SUMIF 函数),置于 F4:F6 和 G4:G6 单元格区域;利用套用表格格式将 E3:G6 数据区域设置为"表样式浅色 17"。

(2)选取"部门"列(E3:E6)和"平均年龄"列(G3:G6)内容,建立"三维簇状条形图",图表标题为"平均年龄统计表",删除图例;将图表设置到工作表的 A19:F35 单元格区域内,将工作命名为"企业人员情况表",保存 EXCEL. XLSX 文件。

2. 打开工作簿文件 EXC. XLSX,对工作表"图书销售情况表"内数据清单的内容进行自动方式筛选,条件为"各经销商部门第一或第四季度"、"社科类或少儿类图书",对筛选后的数据清单按主要关键字"经销部门"的升序次序和次要关键字"销售额(元)"的降序次序进行排序,工作表名不变,保存 EXC. XLSX 工作簿。

五、PowerPoint 2010 操作题(共计 15 分)。

在考生文件夹(真题素材 1)下打开演示文稿 yswg. pptx,按照下列要求完成对此文稿的修饰并以该文件名保存文稿。

1. 为整个演示文稿应用"模块"主题,全部幻灯片切换效果为"库",效果选项为"自左侧"。设置放映方式为"观众自行浏览"。

2. 在第一张幻灯片前插入一版式为"空白"的新幻灯片,插入 5 行 2 列的表格。表格样式为"中度样式 4"。第一列的第 1~5 行依次录入"方针"、"稳粮"、"增收"、"强基础"和"重民生"。第二列的第 1 行录入"内容",将第二张幻灯片的文本第 1~4 段依次复制到表格第二列的第 2~5 行。将第七张幻灯片移到第一张幻灯片前面。删除第三张幻灯片。第一张幻灯片的主标题和副标题的动画均设置为"进入"、"翻转式由远及近"。动画顺序为先副标题后主标题。

六、上网题(共计 10 分)。

1. 给同学孙冉发邮件,Email 地址是:sunshine9960@gmail. com;主题为:鲁迅的文章;正文为:孙冉,你好,你要的两篇鲁迅作品在邮件附件中,请查收。将考生文件夹下的文件"LuX-un1. txt"和"LuXun2. txt"粘贴至邮件附件中,并发送邮件。

2. 打开 http://localhost/myweb/intro. htm 页面,浏览对各个汽车品牌的介绍,找到查看更多汽车品牌介绍的链接,在考生文件夹下新建文本文件 search_adress. txt,复制链接地址到 search_adress. txt 中,并保存。

全国计算机等级考试真题 2

一、选择题(每小题 1 分,共 20 分),下列各题 A、B、C、D 四个选项中,只有一个选项是正确的。

1. 世界上公认的第一台电子计算机诞生在(　　)。
   A. 英国　　　　　B. 日本　　　　　　C. 美国　　　　　　D. 中国

2. 下列选项属于计算机安全设置的是(　　)。
   A. 定期备份重要数据
   B. 停掉 Guest 账号
   C. 不下载来路不明软件及程序
   D. 安装杀(防)毒软件

3. 下列关于计算机病毒的叙述中,正确的是(　　)。
   A. 感染过计算机病毒的计算机具有对该病毒的免疫性
   B. 计算机病毒是一种被破坏了的程序
   C. 反病毒软件可以查、杀任何种类的病毒
   D. 反病毒软件必须随着新病毒的出现而升级,提高查、杀病毒的功能

4. 如果删除一个非零无符号二进制数尾部的 2 个 0,则此数的值为原数的(　　)。
   A. 1/4　　　　　B. 4 倍　　　　　　C. 1/2　　　　　　D. 2 倍

5. 在计算机中,组成一个字节的二进制位位数是(　　)。
   A. 1　　　　　　B. 4　　　　　　　C. 8　　　　　　　D. 2

6. 下列关于 ASCII 编码的叙述中,正确的是(　　)。
   A. 所有大写英文字母的 ASCII 码值都大于小写英文字母'a'的 ASCII 码值
   B. 标准 ASCII 码表有 256 个不同的字符编码
   C. 所有大写英文字母的 ASCII 码值都小于小写英文字母'a'的 ASCII 码值
   D. 一个字符的标准 ASCII 码占一个字节,其最高二进制位总为 1

7. 计算机硬件系统的基本组成部分是(　　)。
   A. CPU 和输入/输出设备　　　　　B. CPU、硬盘、键盘和显示器
   C. CPU、键盘和显示器　　　　　　D. 主机和输入/输出设备

8. 计算机内存中用于存储信息的部件是(　　)。
   A. 只读存储器　　B. 硬盘　　　　　C. RAM　　　　　　D. U 盘

9. 在微机中,I/O 设备是指(　　)。
   A. 控制设备　　　　　　　　　　　B. 输出设备
   C. 输入设备　　　　　　　　　　　D. 输入/输出设备

10. "32 位微型计算机"中的 32,是指下列技术指标中的(　　)。
    A. CPU 主频　　　B. CPU 型号　　　C. CPU 字长　　　　D. CPU 功耗

11. 移动硬盘与 U 盘相比,最大的优势是(　　)。
    A. 兼容性好　　　B. 安全性高　　　C. 速度快　　　　　D. 容量大

12. 下列关于操作系统的叙述中,正确的是(   )。

    A. 操作系统的五大功能是:启动、打印、显示、文件存取和关机

    B. Windows 是 PC 唯一的操作系统

    C. 操作系统属于应用软件

    D. 操作系统是计算机软件系统中的核心软件

13. 面向对象的程序设计语言是(   )。

    A. 形式语言   B. 高级程序语言

    C. 汇编语言   D. 机器语言

14. 解释程序的功能是(   )。

    A. 将汇编语言程序解释成目标程序

    B. 解释执行高级语言程序

    C. 将高级语言程序解释成目标程序

    D. 解释执行汇编语言程序

15. 下列各组软件中,全部属于应用软件的是(   )。

    A. 导弹飞行控制系统、军事信息系统

    B. 航天信息系统、语言处理程序

    C. 军事指挥程序、数据库管理系统

    D. 视频播放系统、操作系统

16. 微机上广泛使用的 Windows 是(   )。

    A. 多任务操作系统   B. 实时操作系统

    C. 批处理操作系统   D. 单任务操作系统

17. 计算机网络是计算机技术和(   )的结合。

    A. 电缆等传输技术   B. 信息技术

    C. 通信技术   D. 自动化技术

18. 下列关于电子邮件的叙述中,正确的是(   )。

    A. 如果收件人的计算机没有打开时,发件人发来的电子邮件将丢失

    B. 如果收件人的计算机没有打开时,会在收件人的计算机打开时再重发

    C. 发件人发来的电子邮件保存在收件人的电子邮箱中,收件人可随时接收

    D. 如果收件人的计算机没有打开时,发件人发来的电子邮件将退回

19. FTP 是因特网中(   )。

    A. 浏览网页的工具   B. 发送电子邮件的软件

    C. 一种聊天工具   D. 用于传送文件的一种服务

20. 目前广泛使用的 Internet,其前身可追溯到(   )。

    A. CHINANET   B. DECnet   C. NOVELL   D. ARPAnet

二、Windows 操作题(5 小题,共计 10 分)。

打开考生文件夹(真题素材 2),完成下列操作:

1. 在考生文件夹下创建名为 DAN. DOCX 的文件。

2. 删除考生文件夹下 SAME 文件夹中的 MEN 文件夹。

3. 将考生文件夹下 APP\BAG 文件夹中的文件 VAR. EXE 设置成只读属性。

4. 为考生文件夹下 LAB 文件夹中的 PAB. EXE 文件建立名为 PAB 的快捷方式,存放在考生文件夹下。

5. 搜索考生文件夹下的 ABC. XLS 文件,然后将其复制到考生文件夹下的 LAB 文件夹中。

三、Word 2010 操作题(共计 25 分)。

1. 在考生文件夹(真题素材 2)下打开文档 word1. docx,按照下列要求完成操作并以该文件名保存文档。

(1) 将文中所有错词"网罗"替换为"网络";将标题段文字("常用的网络互连设备")设置为二号红色黑体、居中。

(2) 将正文各段文字("常用的网络互连设备……开销更大。")的中文设置为小四号宋体,英文和数字设置为小四号 Arial 字体;各段落悬挂缩进 2 字符,段前间距 0.6 行。

(3) 将文档页面的纸张大小设置为"16 开(18.4×26 厘米)"、上下页边距各为 3 厘米;为文档添加内容为"教材"的文字水印。

2. 在考生文件夹(真题素材 2)下打开文档 word2. docx,按照下列要求完成操作并以该文件名保存文档。

(1) 在表格右侧增加一列,输入列标题"平均成绩";并在新增列相应单元格内填入左侧三门功课的平均成绩;按"平均成绩"列降序排列表格内容。

(2) 设置表格居中,表格列宽为 2.2 厘米、行高为 0.6 厘米,表格中第 1 行文字水平居中,其他各行文字中部两端对齐,设置表格外框线为红色 1.5 磅双窄线,内框线为红色 1 磅单实线。

四、Excel 2010 操作题(共计 20 分)。

在考生文件夹(真题素材 2)下,按照下列要求完成操作并以该文件名保存文档。

1. 在考生文件夹下打开 EXCEL. XLSX 文件:

(1) 将 sheet1 工作表的 A1:D1 单元格合并为一个单元格,内容水平居中;计算职工的平均年龄,置于 C13 单元格内(数值型,保留小数点后 1 位);计算职称为高工、工程师和助工的人数,置于 G5:G7 单元格区域(利用 COUNTIF 函数)。

(2) 选取"职称"列(F4:F7)和"人数"列(G4:G7)数据区域的内容,建立"三维簇状柱形图",图标题为"职称情况统计图",删除图例;将图表放置到工作表的 A15:G28 单元格区域内,将工作表命名为"职称情况统计表",保存 EXCEL. XLSX 文件。

2. 打开工作簿文件 EXC. XLSX,对工作表"图书销售情况表"内数据清单的内容建立数据透视表,行标签为"经销部门",列标签为"图书类别",求和项为"数量(册)",并置于现工作表的 H2:L7 单元格区域内,工作表名不变,保存 EXC. XLSX。

五、PowerPoint 2010 操作题(共计 15 分)。

在考生文件夹(真题素材 1)下打开演示文稿 yswg. pptx,按照下列要求完成对此文稿的修饰并以该文件名保存文稿。

1. 第二张幻灯片的主标题输入"中国女战斗机飞行学员中将产生首批女航天员",副标题输入"女战斗机飞行学员正式开训"。主标题设置为"楷体",53 磅,黄色(RGB 颜色模式:250,250,0),副标题设置为"仿宋",23 磅。第一张幻灯片的版式改为"两栏内容",将考生文件夹下的文件 PPT1. jpg 插入第一张幻灯片左侧内容区域,将第三张幻灯片文本的"我军第八批女飞行员……首次驾机飞上蓝天。"移到第一张幻灯片的右侧内容区域。第一张幻灯片的文本动画设置为"轮子",效果选项为"8 轮辐图案",图片动画设置为"进入"、"螺旋飞入"。第一张幻灯片的动画顺序设置为先图片后文本。

2. 第三张幻灯片的版式改为"垂直排列标题与文本"。将第一张幻灯片改为第二张幻灯片。全部幻灯片切换效果为"溶解"。

六、上网题(共计 10 分)。

某模拟网站的网页地址是：http://localhost/djks/index.htm,打开此主页,浏览"天文小知识"页面,查找"地球"的页面内容并将它以文本文件的格式保存到考生文件夹下,命名为"diqiu.txt"。

附录 2

各章习题参考答案

第 5 章习题答案

1. B 2. B 3. B 4. A 5. A 6. A 7. B 8. A 9. B 10. B 11. C 12. C

第 6 章习题答案

1. C 2. B 3. C 4. B 5. C 6. B 7. D 8. B 9. B 10. A

第 7 章习题答案

1. D 2. A 3. C 4. D 5. C 6. C 7. B 8. C 9. D 10. C 11. C

第 8 章习题答案

1. D 2. C 3. D 4. D 5. A 6. D 7. C 8. C 9. D 10. D 11. A 12. A
13. A 14. D 15. A 16. A 17. B

全国计算机等级考试真题 1 答案

1. D 2. C 3. C 4. B 5. D 6. D 7. B 8. D 9. C 10. D 11. D 12. A
13. D 14. B 15. B 16. C 17. D 18. B 19. D 20. D

全国计算机等级考试真题 2 答案

1. C 2. D 3. D 4. A 5. C 6. A 7. D 8. C 9. D 10. C 11. D 12. D
13. B 14. B 15. A 16. A 17. C 18. C 19. D 20. D